Die speziellen Probleme der Kostenrechnung in Handelsbetrieben er
wiesen sich als so umfangreich, daß – entgegen der ursprünglichei
Planung – ein weiterer Band der „Schriften zur Unternehmensführung'
für das Gesamtthema vorgesehen werden mußte. Dieser Band wir
hiermit vorgelegt.

Kostenrechnung im Handel

Er enthält neben den Ausführungen über die Grundlagen und Aufgabei
der Kostenrechnung im Handel eine Fallstudie zum gleichen Fragen
kreis, in der anhand eines in der Praxis verwirklichten Konzeptes ge
zeigt wird, wie die Erfolgsrechnung als Steuerungsinstrument eine
dezentralisierten Organisation eingesetzt werden kann. Damit wird da
in der erstgenannten Arbeit behandelte Thema im Hinblick auf die prak
tische Anwendung der dort angestellten Überlegungen abgerundet.

Erfolgsrechnung als Steuerungs- instrument in Filialunternehmen

Die Entwicklung in den letzten Jahren läßt das Bemühen erkennen, aucl
für die Belange der Kostenrechnung in immer stärkerem Maße di
Möglichkeiten, die die elektronische Datenverarbeitung bietet, zu nut
zen. Aus diesem Grunde erschien es zweckmäßig, abschließend zun
Gesamtthema Kostenrechnung einen Überblick über die „Standard
softwaresysteme zur betrieblichen Kostenrechnung" zu geben. Dar
gestellt sind die Ergebnisse einer am Lehrstuhl für betriebswirtschaft
liche Datenverarbeitung der Universität Hamburg durchgeführten, um
fassenden empirischen Untersuchung.

Standardsoft- waresysteme zur Kostenrechnung

Band 24 beschließt die Darstellung, Analyse und Diskussion des gegen
wärtigen Standes der Kostenrechnung.

ISBN 978-3-409-79241-7   ISBN 978-3-322-86244-0 (eBook)
DOI 10.1007/978-3-322-86244-0

Die Grundprobleme der Kosten- und Leistungsrechnung im Handel[1]

Von Prof. Dr. Bruno Tietz, Saarbrücken

Inhaltsübersicht

Einführung

A. Die handels- und marketingspezifischen Probleme der Kosten- und Leistungsrechnung

    I. Das Problem der Steuerbarkeit der Leistungserstellung

    II. Das Problem der Marktorientierung
        1. Die Marktorientierung der Leistungsprozesse
        2. Die externe Marktdynamik

    III. Die Probleme bei der Definition des Kostenträgers

    IV. Die Probleme der Marktwirkungen
        1. Die Grundlagen
        2. Der Sortimentsverbund
        3. Der Instrumentalverbund
        4. Die Verzögerung von Marktwirkungen
        5. Die begrenzte Wiederholbarkeit des Erfolges
        6. Die Grenzen der Verfahrensänderungen

    V. Die innerbetrieblichen Probleme
        1. Die Kosten ohne Erlöse
        2. Der Fehlverkauf und der Bestellverkauf
        3. Das Problem variabler Kostengüterpreise
        4. Das Problem variabler Warenpreise
        5. Das Problem der verdeckten Kosten in den Warenpreisen
        6. Das Problem variabler Verkaufspreise
        7. Das Problem variabler Leistungen
        8. Das Problem der Preisänderungen
        9. Zur Trennung von fixen und variablen Kosten
       10. Die Mehrdimensionalität der Kostenverursachung
       11. Das Problem der Einzel- und Gemeinkosten

[1] Meinen Mitarbeitern Dipl.-Kfm. Peter Leiberich und Dipl.-Kfm. Helge Schwartz danke ich für die Anregungen bei der Durchsicht des Manuskripts.

Einführung

Mit kaum einem Problem hat sich die Betriebswirtschaftslehre in den letzten Jahrzehnten so intensiv befaßt wie mit der Kosten- und Leistungsrechnung. Die damit einhergehende Entwicklung der Produktions- und Kostentheorie hat für den Bereich der Industrie, insbesondere für die Produktionsprozesse der Serien- und Massenfertigung, zu weitgehend abgeschlossenen Erkenntnissen geführt. Die Modelle zur Errechnung von Produktionskosten haben einen hohen Reifegrad erreicht.

Ganz anders verhält es sich mit den Marketingkosten der Industrie und mit der Kosten- und Leistungsrechnung der Handelsbetriebe. Hier erweist sich eine Übernahme der in der Industrie erzielten Erkenntnisse als schwierig. Da ein handelsspezifisches System der Kosten- und Leistungsrechnung von der Wissenschaft auch nicht annähernd in vergleichbarer Reife entwickelt worden ist, ruht das betriebliche Rechnungswesen der Handelspraxis auf schwachen theoretischen Stützen.

Wegen des Fehlens eines theoretischen Grundmusters, wie es in der Industrie gegeben ist, besteht im Handel eher Verwirrung über den möglichen Informationsgehalt der Kosten- und Leistungsrechnung. In klassischer Abgrenzung geht es letztlich darum, sich durch Kosteninformationen auf der Basis gegebener Absatz- und Beschaffungsbedingungen an die Minimalkostenkombination heranzutasten, wobei u. U. unterschiedliche Verfahren, d. s. unterschiedliche Minimalkostenalternativen, zulässig sind. Nun gehen weiter ausgebaute Konzepte jedoch davon aus, daß die Kosten- und Leistungsrechnung Entscheidungshilfen für die Wahl von Bezugsquellen und für Preisobergrenzen bei der Beschaffung ebenso liefern soll wie für die Wahl der Absatzmethode oder der Kunden, kurz für das gesamte Marketing-Mix. Dazu treten komplizierte interne Anforderungen einschließlich der Wahl innerbetrieblicher Verrechnungspreise.

<u>Von den Ansätzen der Kostenrechnung wird somit erwartet, daß sie den Instrumenteinsatz in allen Ebenen der Unternehmenspolitik zu steuern und zu beurteilen gestatten. Dabei ist zu berücksichtigen, daß im Hinblick auf den Handel die Denkraster der Theorie der Unternehmenspolitik und der Theorie der Kostenrechnung nur bedingt miteinander übereinstimmen.</u>

Für Handelsunternehmen wie auch für Marketingabteilungen der Industrie besteht eine spezifische Leistungsprozeßsituation, für die angemessene Kosten- und Leistungsinformationen bereitzustellen sind. Die Kosten- und Leistungsmodelle sind aus dem Zielsystem der Unternehmen abzuleiten.

A. Die handels- und marketingspezifischen Probleme der Kosten- und Leistungsrechnung

Die Grundprämisse des produktionsorientierten Rechnungswesens beruht darauf, daß der gesamte Marktbereich als Datum betrachtet wird. Die Kosten- und Leistungsrechnung wird unabhängig von den Marktgegebenheiten behandelt. Von diesen Voraussetzungen kann eine an der Empirie ausgerichtete Kosten- und Leistungsrechnung für Handel und Marketing nicht ausgehen. Daher sei zunächst auf die Eigenarten des Leistungsprozesses im Handel hingewiesen. Man kann aufgrund dieser Überlegungen direkte und indirekte Konsequenzen auf die Kosten- und Leistungsrechnung ableiten.

I. Das Problem der Steuerbarkeit der Leistungserstellung

Die Leistungserstellung im Handelsbetrieb ist sowohl auf der Beschaffungsseite als auch auf der Absatzseite wegen der Kontakte zu selbständigen Marktpartnern – den Lieferanten und den Kunden – nur bedingt steuerbar.

Im Handelsbetrieb ist ex ante oft unbekannt,

1. welche Faktoren für eine bestimmte Leistung benötigt werden,

2. welche Kostenstellen für eine bestimmte Leistung in Anspruch genommen werden.

Das Unternehmen hat nur einen begrenzten Einfluß darauf, in welcher Form, wann und mit welcher Intensität Beschaffungsaktivitäten oder Absatzaktivitäten ablaufen. Daraus folgt, daß die Kapazitäten häufig in unterschiedlichem Umfange und in nur schwer beeinflußbarer Form genutzt werden.

Es gibt im Handel zwar auch voll steuerbare Bereiche, so bei innerbetrieblichen Leistungen oder Leistungen der Marketing-Logistik; diese sind in der Regel im Vergleich zur Gesamtleistung jedoch gering. Die Produktionsprozesse der Industrie gelten dagegen als voll steuerbar. Dies äußert sich vor allem in der Festlegung einer für einen längeren Zeitraum einheitlichen Planbeschäftigung.

Im Handel müssen die stündlichen, täglichen, wöchentlichen, monatlichen und saisonalen sowie die sonstigen Beschäftigungsschwankungen zunächst erfaßt und auf ihre Regelmäßigkeit hin untersucht werden. Dies hat Konsequenzen auf die Präzision der Kosten- und Leistungserfassung.

So haben in der Kosten- und Leistungsrechnung des Handels stündliche, tägliche und wöchentliche Umsatz- und Kostenaufzeichnungen als erste Beurteilungsgrundlage für die Leistungen eine zentrale Bedeutung. Mindestens auf wöchentlicher Basis werden auch die Lagerbewegungen und die Bruttoerträge erfaßt. Außerdem werden wegen der oft unerwarteten Schwankungen die Löhne und Gehälter nach Normalzeiten, Überstunden und sonstigen Überzeiten gegliedert.

Da im Handel stochastische Prozesse vorherrschen, die durch oszillative Schwankungen geprägt sind, werden in mehrfacher Hinsicht Vergröberungen vorgenommen:

1. die Durchschnittsbildung bei zeitlichen Schwankungen,

2. die Durchschnittsbildung bei räumlichen Schwankungen,

3. die Durchschnittsbildung bei qualitativen Schwankungen, z. B. für Gesamtumsatzboni oder -rabatte,

4. die Durchschnittsbildung bei quantitativen Schwankungen, z. B. in bezug auf die numerische Höhe der soeben erwähnten Rabatte.

Unternehmenspolitisch ergeben sich in Marketing und Handel mindestens z w e i k a t e g o r i a l e   A n p a s s u n g s a l t e r n a t i v e n :

1. die Anpassung an Beschäftigungsschwankungen, wie sie in der Industrie diskutiert wird,

2. die bewußte Beeinflussung der Beschäftigungsschwankungen zur Verbesserung der Faktorkombinationsbedingungen, u. a.

   a) mit einer Verstärkung der Schwankungen, um unterbeschäftigte Faktoren freizusetzen oder in einem anderen Kombinationsprozeß, z. B. Verkaufspersonal bei der Warenannahme, einzusetzen und in Zeiten der Maximalbeschäftigung alle Mitarbeiter für den Verkauf zur Verfügung zu haben,

   b) mit einer Minderung der Schwankungen.

Um die Konsequenzen einer bestimmten Beschäftigungs- und Verfahrenspolitik abschätzen zu können, ergeben sich spezielle Anforderungen an die Kosten- und Leistungserfassung. So sind vor allem A u f z e i c h n u n g e n über die jeweiligen A n p a s s u n g s -   o d e r   V e r f a h r e n s ä n d e r u n g s m a ß n a h m e n erforderlich. Bei Unternehmen, die auch eine Leistungs- und Kostenplanung haben, werden aufgrund der Schwankungen, die insbesondere im Einzelhandel auftreten, der Faktoreinsatz und damit die Kosten nach Taktkonzepten budgetiert. So wird der Einsatz von Kassenpersonal oder Verkaufspersonal nicht mehr nur nach vollen Stunden, sondern auch im Halbstundentakt und im Zwanzigminutentakt geplant. Zur Kosten-Leistungs-Optimierung in bestimmten Bereichen werden ergänzend spezielle Informationsmodelle, so Warteschlangenmodelle zur Verbesserung der Kassenbesetzung, eingesetzt.

II. Das Problem der Marktorientierung

1. Die Marktorientierung der Leistungsprozesse

Das in der Industrie vorherrschende Problem der optimalen Kapazitätsauslastung und der Kapazitätsengpässe ist im Handel vergleichsweise weniger bedeutungsvoll. Bei H a n d e l s u n t e r n e h m e n bestehen in der Regel k e i n e   P r o d u k t i o n s e n g p ä s s e , sondern Marktgrenzen. Im Handel können die Kapazitäten häufig ohne große Schwierigkeiten erweitert werden. Große Bedeutung kommt im Handel vielmehr der k u r z f r i s t i g e n   A n p a s s u n g s f ä h i g k e i t an tägliche oder stündliche Schwankungen zu.

Eine wichtige Grundüberlegung beruht im Handel darauf, w e l c h e   K o s t e n man bei einem b e s t i m m t e n   P r e i s n i v e a u und − daraus abgeleitet − bei einem bestimmten Umsatzniveau, d. h. einer gegebenen Marktkapazität, maximal tragen kann. Die Gegenüberlegung besteht darin, welches P r e i s n i v e a u bei einem b e s t i m m t e n   K o s t e n n i v e a u erzielt werden muß. Die K o s t e n t r a g f ä h i g k e i t ist ein zentrales Gestaltungskriterium der Betriebstypen in Marketing und Handel.

Im Gegensatz zur Industrie wird die Kostenrechnung im Handel nicht primär von den Produktionsgegebenheiten her aufgebaut. Die Kostenentscheidungen werden primär vom Markt her gesteuert. Daraus resultiert auch das im Handel übliche Prinzip der retrograden Kalkulation.

Im Handel liefern die Kosteninformationen somit zwar Anhaltspunkte dafür, daß Veränderungen auftreten. Diese Informationen beruhen jedoch auf komplexen Ursachen und nützen nur wenig, was die geeigneten Abhilfemaßnahmen angeht. Hier sind nur aus intensiver Marktkenntnis Anhaltspunkte zu gewinnen. So kann aus rückläufigen Deckungsbeiträgen zwar festgestellt werden, daß die Kosten steigen oder die Bruttoerträge rückläufig sind. Die Auffindung der Begründungen und der möglichen Reaktionen ist aber noch weitgehend ein kreativer Akt.

Diese Beispiele zeigen, daß in die Kosten- und Leistungsrechnung im Handel auch Marktinformationen integriert werden müssen, wenn die angestrebte Signalfunktion wahrgenommen werden soll.

2. Die externe Marktdynamik

Leistungsfähige Betriebstypen können im Zeitablauf aufgrund der Veränderung der Konkurrenz und der Nachfrage trotz hochentwickelter Systeme des Rechnungswesens in Schwierigkeiten geraten. Als Beispiel sei erwähnt, daß trotz eines beachtlichen Wirtschaftlichkeitsgrades beim Faktoreinsatz und damit bei den Kosten Verhaltensänderungen bei den Kunden und Konkurrenten eintreten, die dazu führen, daß das gesamte Leistungsprogramm oder Teile des Programms nicht mehr anerkannt werden. So brachten neue Konkurrenten im Einzelhandel sowohl den Supermarkt als auch das Kleinpreisgeschäft in Schwierigkeiten, obwohl diese Betriebstypen – gemessen am erreichten Grad der Kostenwirtschaftlichkeit auf der Basis des gegebenen Leistungsprogramms – in voller Blüte standen. Seit etwa 1975 kommen auch die Warenhäuser, deren innerbetriebliches Rechnungswesen als hochkultiviert zu gelten hat, in Absatzschwierigkeiten.

III. Die Probleme bei der Definition des Kostenträgers

Die Definition des Kostenträgers ist im Gegensatz zu Industriebetrieben kontrovers. Die in der Regel produktbezogene Betrachtung ist für das Marketing und den Vertrieb der Industriebetriebe nicht so geeignet wie für die stoffumwandelnden Produktionsprozesse. In der industriellen Kostenrechnung wird davon ausgegangen, daß das Produkt selbst unverändert während einer längeren Periode hergestellt werden kann.

Im Handel sind täglich Sortimentsumstellungen und sehr häufig Veränderungen des Marketingprogramms anzutreffen. Jeder Umsatzakt ist als Einzelfertigung aufzufassen, insbesondere im Falle von persönlichen Kontakten beim Verkauf, weniger bei Selbstbedienung oder bei schriftlichen Bestellungen.

Im Handel sind **P r o d u k t e** häufig **a u s t a u s c h b a r ,** ohne daß die Kosten verändert werden. Zwar werden durch einen solchen Austausch Umsatz- oder Bruttoertragswirkungen angestrebt, diese treten jedoch nicht immer ein.

Wegen der Vielfalt der geführten Artikel und des oft kombinierten Absatzes mehrerer Artikel ist eine **S t ü c k n a c h k a l k u l a t i o n** im Handel üblicherweise **n i c h t   m ö g l i c h .** Erreichbar ist dagegen eine Abteilungsnachkalkulation oder bei Großaufträgen auch eine Auftragsnachkalkulation.

Die Periodenrechnung hat im Handel mehr Gewicht als die Stück- oder Auftragsrechnung. Die Dominanz des Periodendenkens im Handel äußert sich nicht zuletzt auch darin, daß bei Kostensteigerungen versucht wird, eine generelle Spannenanhebung im Markt durchzusetzen. Entgegen dem Stückdenken in der Industrie gibt es hier ein **p e r i o d e n b e z o g e n e s   D u r c h s c h n i t t s w e r t d e n k e n .**

IV. Die Probleme der Marktwirkungen

1. Die Grundlagen

Die Höhe der Kosten kann in Industriebetrieben bei einem gleichen Produktionsergebnis aufgrund unterschiedlicher Verfahren bei der Produktion variieren. Die Gründe für solche Unterschiede sind durch technische und ökonomische Analysen meist einfach festzustellen.

Im Handelsbetrieb – wie auch in den Marketingabteilungen der Industrie – kommt ein weiteres Problem hinzu. Die Ertragskraft eines Leistungsprogramms von Handelsbetrieben kann auch bei identischer Zielsetzung und bei gleichem Betriebstyp aufgrund unterschiedlicher Fähigkeiten bei der Kombination der Marktinstrumente erhebliche Unterschiede aufweisen. Die erreichte Wirtschaftlichkeit ist somit in beträchtlichem Umfange von der Output-Kraft des Marketingprogramms abhängig.

Wenn man weiß, wie hoch die Einstandspreise und die direkten Kosten einer Abteilung voraussichtlich sein werden, kann daraus nicht ohne weiteres auf den Erfolg geschlossen werden. Die **Z w e c k m ä ß i g k e i t   d e s   F a k t o r e i n s a t z e s** und damit der Kosten ergibt sich erst aus den **M a r k t w i r k u n g e n .**

Man kann trotz höchst rationeller Kostenwirtschaft gezwungen sein, die Waren unter Kosten zu verkaufen. Andererseits kann ein Betrieb mit eher lascher Kostenwirtschaftlichkeit sehr gute Markterfolge haben, weil sein Leistungsprogramm marktstimmig ist.

Wegen der fehlenden Sicherheit bei den Marktprognosen bedeutet der planmäßige Einsatz eines bestimmten absatzpolitischen Instrumentariums keineswegs zwangsläufig auch die Erreichung des erstrebten Bruttoertrages oder des erstrebten Umsatzes. Ständig muß sich ein Unternehmen neu „an den Markt herantasten" und durch Veränderung des Faktoreinsatzes und der Kosten die Absatz- und Beschaffungsziele zu erreichen versuchen.

Die Probleme der Kostenrechnung im Handel liegen weiter darin, daß der markt-orientierte F a k t o r e i n s a t z bei einem gegebenen Preis b e s t i m m t e M a r k t w i r k u n g e n a u s ü b t. Eine Preisänderung führt bei einem gegebenen Faktoreinsatzniveau normalerweise zu einer Veränderung der Marktwirkungen.

Durch die Kosten- und Leistungsinformationen sollen die Auswirkungen solcher Strategieänderungen erfaßt werden. Das Bestreben zu einer Verbesserung des Instrumentaleinsatzes erfordert einen Vergleich mehrerer Absatzstrategien. Solche Strategievergleiche beziehen sich auf einzelne Instrumente, z. B. auf Absatzwege oder auf Beschaffungswege, auf Preisänderungen, auf Sortimentsänderungen oder auf Änderungen des Werbemitteleinsatzes, oder auf Instrumentalkombinationen.

Die Grundvoraussetzung für eine Verbesserung der Kostenrechnung im Handel ist das A u f f i n d e n v o n M a r k t w i r k u n g s f u n k t i o n e n.

Sie messen die Beziehungen zwischen

1. dem Einsatz eines Marktinstruments und dem Umsatz bzw. dem Bruttoertrag,

2. den durch den Einsatz eines Marktinstruments verursachten Kosten und dem Umsatz bzw. dem Bruttoertrag.

Daraus folgt, daß im Handel auch jede kurzfristige Entscheidung über die Kosten im Hinblick

1. auf die Marktwirkungen unabhängig von Preisveränderungen,

2. auf die dadurch möglichen Preiswirkungen und damit auf Preisveränderungs-möglichkeiten.

zu untersuchen ist.

2. Der Sortimentsverbund

Für den Handelsbetrieb ist das einzelne Produkt auch wegen des Sortimentsver-bunds – d. s. Spill-over-Effekte – kein geeigneter Kostenträger. Allein e r f o l g s - b i l d e n d ist das S o r t i m e n t.

Der A b s a t z v e r b u n d zwischen unterschiedlichen Unternehmensbereichen kann an einem Beispiel von Langen erläutert werden:

„In einem Kraftfahrzeug-Reparaturbetrieb besteht eine Tankstelle. Sie wird nur von den Reparaturkunden des Betriebs benutzt, ist aus diesem Grunde aber auch notwendig. Der geringe Ausnutzungsgrad der Anlage bringt es mit sich, daß der Kraftstoff an die Reparaturkunden des Betriebs nur mit Verlust verkauft werden kann; die eingekauften Kraftstoffmengen sind im Verhältnis zu allgemein zugäng-lichen Tankstellen so klein, daß die beim Kraftstoffeinkauf erzielten Rabatte sehr niedrig sind. Infolgedessen muß der Reparaturbetrieb den Kraftstoff zu Preisen verkaufen, die niedriger sind als seine Einstandspreise"[2].

---

2) Langen, Heinz: Grenzen der Deckungsbeitragsrechnung, Die Investitionsrechnung berücksichtigt den Zeit-ablauf besser, in: Blick durch die Wirtschaft, 9. Jg., 18. Okt. 1966, S. 5.

Daraus werden auch **K o n s e q u e n z e n   a u f   d i e   K o s t e n r e c h n u n g** abgeleitet:

„Nach der Deckungsbeitragsrechnung wäre die Preisuntergrenze unterschritten; dennoch müssen der Betrieb der Hoftankstelle und der Benzinverkauf an die Reparaturkunden fortgesetzt werden, da sonst von den Reparaturkunden Schwierigkeiten zu erwarten wären und der Reparaturumsatz entscheidend zurückginge. Die Deckungsbeitragsrechnung vermag solche Fragen des Verlustausgleichs zwischen den verschiedenen Abteilungen eines Betriebs angesichts der isolierten Fixierung der Preisuntergrenze (für jeden Kostenträger wird sie gesondert aus den Einzelkosten bestimmt) nicht befriedigend zu klären"[2].

Zur Verbesserung der Sortimentspolitik in Handelsbetrieben sind nach dem Zweiten Weltkrieg zahlreiche **a r t i k e l b e z o g e n e   S t u d i e n** über Absatzmengen und Handelsspannen angefertigt worden. Sie wurden bisher selten über einen längeren Zeitraum durchgehalten, weil sie sich als zu aufwendig erwiesen und den Sortimentsverbund nicht zuverlässig zu erfassen gestatteten. Erwähnt seien die Colonial-Studie, die General-Foods-Studie, die Birds-Eye-Studie und die Hoffmann-Studie[3].

3. Der Instrumentalverbund

Ein weiteres Problem ist die **V i e l s c h i c h t i g k e i t   d e s   V e r t r i e b s e r f o l g e s** im Sinne der Abhängigkeit von mehreren Instrumenten, auf die Nieschlag, Dichtl und Hörschgen hinweisen:

„Beispielsweise kann die Absatzsegmentrechnung nach Absatzwegen den Absatzkanal X als äußerst aufwendig und unwirtschaftlich kennzeichnen, andererseits eine Absatzsegmentrechnung nach Produkten das Produkt A favorisieren. Wird nun der Absatzkanal X hauptsächlich für eben dieses Produkt A benutzt, entsteht eine Beurteilungsdiskrepanz, die eine Gewichtung der verschiedenen Vertriebserfolgsergebnisse verlangt. Ähnliche Probleme können beim Vergleich zwischen verschiedenen Absatzgebieten einerseits und Absatzkanälen oder Auftragsgrößen andererseits auftreten. Verschiedentlich wurden in der Literatur zur Lösung derartiger Fragen Gewichtungsschemata entworfen, nach denen die einzelnen Ergebnisse der Teilrechnungen zu bewerten sind. Bei der Vieldimensionalität des Vertriebserfolges und den unterschiedlichen Wertskalen der Entscheidungsträger können solche Schemata jedoch nur formale Anhaltspunkte für die jeweilige Problemlösung bieten. In jedem Fall bleibt ein Rest subjektiver Rationalität und die Notwendigkeit der individuellen Einfühlung in die jeweilige Marktlage. Daraus wird deutlich, daß die Vertriebserfolgsrechnung keine fertigen Rezepte und Programme liefern kann, sondern erst über eine richtige Beurteilung ihrer Ergebnisse zu einem echten Informationsfortschritt führt"[4].

---

3) Vgl. Tietz, Bruno: Betriebsvergleich im Handel, in: Tietz, Bruno (Hrsg.): Handwörterbuch der Absatzwirtschaft, Stuttgart 1974, Sp. 394–405.

4) Nieschlag, Robert; Dichtl, Erwin; Hörschgen, Hans: Marketing. Ein entscheidungsorientierter Ansatz, 6. Aufl, Berlin 1972, S. 443 f.

4. Die Verzögerung von Marktwirkungen

Ein zentrales Problem der Marketingpolitik im Handel ist die zeitliche Verzögerung der Marktwirkungen, die in der Theorie zwar als T i m e - l a g - E f f e k t e und C a r r y - o v e r - E f f e k t e diskutiert werden, jedoch in der laufenden Kostenrechnung kaum einen Niederschlag finden. Diese Wirkungen sind bei stabilem Marketingprogramm geringer als bei starken Schwankungen im Marketingprogramm. In der klassischen Periodenrechnung lassen sich diese Effekte nur schwer berücksichtigen. Als Beispiel sei erwähnt, wie bestimmte Werbekosten zeitlich zutreffend verteilt werden sollen.

5. Die begrenzte Wiederholbarkeit des Erfolges

Ein hoher Gewinn oder Deckungsbeitrag eines Artikels oder einer Warengruppe in einer Periode sagt nichts über die Erfolge in der nächsten und in späteren Perioden aus. Die Wiederholbarkeit des Erfolges ist begrenzt. Bei Industriebetrieben wird von der Erfolgsträchtigkeit bzw. Absatzfähigkeit jeder Leistung, wann auch immer sie erstellt werden mag, ausgegangen.

Bei besonders erfolgreichen Waren wird trotz der Probleme der Wiederholbarkeit des Erfolges jeweils am Beginn einer saisonalen Periode teilweise mit R e n n e r - l i s t e n gearbeitet. Diese Rennerlisten, die die am besten gängigen Artikel erfassen, sind als Ergänzung der Leistungsrechnung, insbesondere im Einzelhandel mit Textilien, eine wichtige Dispositionsgrundlage.

6. Die Grenzen der Verfahrensänderungen

In vielen Bereichen der Industrie ist die Veränderung eines einmal gewählten Verfahrens zur Erhöhung der Kostenwirtschaftlichkeit in Teilbereichen – nach Aggregaten – und ohne jede Marktwirkung möglich, d. h., den Kunden ist es gleichgültig, wie ein Produkt einer bestimmten Art gefertigt wurde.

Im Handel sind grundlegende Verfahrensabweichungen auch stets mit Marktwirkungen und damit mit Ertragswirkungen verbunden. Das schließt nicht aus, daß bestimmte Verfahrensänderungen von den Kunden als gleichartig empfunden werden und nicht zu Marktreaktionen führen.

Grundsätzlich ist die V e r ä n d e r b a r k e i t der einmal gewählten Formel der Leistungserstellung b e g r e n z t.

Jedoch zeigt die Betriebstypendynamik im industriellen Vertrieb wie auch im Groß- und Einzelhandel eine im Zeitablauf variable Reaktion bei unterschiedlichen Verfahren. So ist die Reaktion auf die Verfahren Bedienung und Selbstbedienung im Einzelhandel in vielen Branchen heute ähnlicher als vor einem Jahrzehnt.

Diese Eigenart der Leistungserstellung im Handel weist darauf hin, daß u. U. kostengünstige Veränderungen des Betriebstyps nicht unabhängig von ihrer Marktwirkung eingeführt werden können, da oft bereits kleine Verfahrensvariationen als erhebliche Leistungsprogrammveränderungen empfunden werden.

V. Die innerbetrieblichen Probleme

1. Die Kosten ohne Erlöse

Im Handel werden häufig Leistungen erbracht, z. B. Informationen der Konsumenten durch Kataloge und Prospekte oder Beratungen von Kunden im Einzelhandel, ohne daß diesen Leistungen Transaktionen und damit Erlöse gegenüberstehen. Oft kaufen die Kunden, die in einem Betrieb unvergütete Beratungsleistungen in Anspruch nehmen, in einem anderen Betrieb. Dieses Problem ist mit dem Ausschuß bei der Produktion nur bedingt vergleichbar.

Dieses Phänomen der Erfüllung von Leistungen, denen keine Erlöse gegenüberstehen, wird im Rahmen von N i c h t v e r k a u f s a n a l y s e n bei der Leistungsrechnung berücksichtigt. Auf diese Weise erhält man Erfahrungswerte über den Umfang des Faktoreinsatzes, der nicht zu Erlösen führt.

2. Der Fehlverkauf und der Bestellverkauf

Vom Handel werden häufig Leistungen gefordert, die er aufgrund des Leistungsprogramms nicht erbringen kann oder will. Im erstgenannten Falle werden z. B. Waren nachgefragt, die zwar im Sortiment enthalten, jedoch zur Zeit nicht vorrätig sind. Dieses Phänomen wird durch Fehlverkaufsanalysen erfaßt.

Die A n p a s s u n g d e r F e h l v e r k ä u f e beruht einmal auf der Bestellung der gewünschten Ware und zum anderen auf dem Verzicht auf die Bedienung des Kunden.

Im letztgenannten Fall sind jedoch wieder zwei Konsequenzen denkbar: die Aufnahme der fehlverkauften Ware ins Programm oder der Verzicht auf die Aufnahme der fehlverkauften Ware.

In bestimmten Branchen hat der B e s t e l l v e r k a u f große Bedeutung, d. h. der Verkauf von Waren, die im Handelsbetrieb, obwohl zum Sortiment gehörig, nicht vorhanden sind, so im Möbelhandel, aber auch im Investitionsgütergroßhandel.

Daraus ergeben sich wichtige Konsequenzen für die Gestaltung der Kosten- und Leistungsrechnung. Die Bestellungen der Kunden und die Bestellungen beim Lieferanten sind in die Kosten- und Leistungsrechnung einzubeziehen.

Für die kosten- und leistungsrechnerische Behandlung der synallagmatischen Verträge, d. h. der schwebenden Geschäfte, sind die theoretischen Grundlagen erst unzureichend entwickelt[5]. Es geht hier vor allem um das Problem, ob Kosten und Erlöse bereits bei der Bestellung oder erst bei der Erzielung des Umsatzes verrechnet werden sollen.

Für die Kosten der Fehlverkäufe und der Bestellverkäufe im Gegensatz zu den Ab-Lager-Verkäufen werden im Rahmen der kurzfristigen Erfolgsrechnung teilweise spezielle K o s t e n - L e i s t u n g s - V e r g l e i c h e durchgeführt.

---

5) Vgl. auch Bieg, Hartmut: Schwebende Geschäfte in Handels- und Steuerbilanz – Die derzeitige und mögliche finanzielle Behandlung beiderseits noch nicht erfüllter synallagmatischer Verträge unter besonderer Berücksichtigung der Interessen der Bilanzadressaten, Frankfurt - Bern 1977.

3. Das Problem variabler Kostengüterpreise

Die e f f e k t i v e n   K o s t e n sind in erheblichem Umfange auf der Grundlage der effektiv erzielten Verkaufspreise definiert, d. h., sie sind l e i s t u n g s a b h ä n g i g auf der Basis des Bruttoertrages oder des Umsatzes bemessen. Beispiele sind:

1. die Kosten für das Verkaufspersonal, vor allem für Außendienstpersonal,

2. die Kosten für Geschäftsräume,

3. die Kosten für Sachanlagen bei leistungsabhängigem Leasing,

4. die Ersatzkosten für Kapital beim Factoring.

Dadurch werden Kosten unabhängig von den Faktoreinsatzmengen proportionalisiert. So kann ein fixer Faktoreinsatz zu umsatzproportionalen Kosten führen.

Teilweise sind diese Kostengüter durch einen leistungsunabhängigen und einen leistungsabhängigen Bestandteil gekennzeichnet.

Durch diese Kostengestaltung werden Produktivitäts- und Wirtschaftlichkeitsvergleiche beeinträchtigt, so daß k o s t e n g ü t e r s p e z i f i s c h e   K e n n z a h l e n zu entwickeln sind.

4. Das Problem variabler Warenpreise

Die Höhe der Einkaufspreise hängt im Handel in der Regel von der Einkaufsmenge je Periode oder auch je Auftrag ab. Bei der üblichen prozentualen Kalkulation auf der Basis effektiver Einkaufspreise führen unter sonst gleichen Bedingungen hohe Auftragswerte auch zu vergleichsweise niedrigen Verkaufspreisen.

Aus diesem Grunde wird teilweise mit s t a n d a r d i s i e r t e n   E i n k a u f s p r e i s e n operiert, die die G r u n d l a g e   d e r   S p a n n e n r e c h n u n g darstellen. Die Lieferanten werden in solchen Fällen von den Kunden aus dem Handel veranlaßt, bei der Rechnungsstellung diese standardisierten Preise anzusetzen und die Preisdifferenz gegenüber der effektiven Kondition periodisch gesondert abzurechnen.

5. Das Problem der verdeckten Kosten in den Warenpreisen

Im Handel spielt beim Abschluß von Kaufverträgen, vor allem bei Rahmenverträgen, über Waren der N e b e n l e i s t u n g s w e t t b e w e r b eine zunehmende Rolle. So sind die Konditionen des Leistungsüberganges oft nicht auf Warenlieferungen beschränkt. Als Beispiel sei erwähnt, daß in einem Verbrauchermarkt mit etwa 50 Mill. DM Umsatz von Mitarbeitern der Lieferanten jährlich bis zu 40 000 **Arbeitsstunden Personaleinsatz bei der Warenbewirtschaftung im Laden** eingesetzt werden (Basis: 1976). Auch Kosten für Ladeneinrichtungen und Werbemaßnahmen werden von Herstellern übernommen.

Dadurch lassen sich exakte Wareneinstandspreise oft nicht ermitteln. Der echte Einstandspreis müßte um die z. B. mit Opportunitätskosten bewerteten F r e m d l e i s t u n g e n   d e s   H e r s t e l l e r s vermindert werden. Die Spanne würde sich dadurch erhöhen. Bei Verzicht auf derartige Bereinigungen werden die Handlungskosten und Spannen des Handelsunternehmens, das derartige Leistungen erhält, zu niedrig ausgewiesen.

Überdies werden u. U. R a t i o n a l i s i e r u n g s r e s e r v e n   v e r d e c k t , da nicht bekannt ist, welchen Preisnachlaß der Lieferant bei Erstellung der entsprechenden Leistungen durch den Handelsbetrieb gewähren würde, und auch nicht überprüft wird, mit welchen Kosten der Betrieb diese Leistungen in Eigenregie, d.h. durch Einsatz eigener Faktoren, erbringen könnte.

Neuerdings wird versucht, durch p a r t i e l l e   K o s t e n -   u n d   L e i s t u n g s v e r g l e i c h e der Regalpflege und Verkaufsförderung durch Mitarbeiter des Herstellers einerseits und des Handelsbetriebes andererseits R a t i o n a l i s i e r u n g s r e s e r v e n zu erschließen. Daraus ergeben sich im übrigen auch neuartige Formen der Konditionenpolitik zwischen Industrie und Handel.

6. Das Problem variabler Verkaufspreise

Die kategoriale Grundlage der Bruttoertragsermittlung bilden effektive Einstandspreise, bisweilen auch nur Einkaufspreise und effektiv erzielte Verkaufspreise.

In Handelsbetrieben sind teilweise weder die Beschaffungspreise noch die Absatzpreise eindeutig gegeben und bekannt. Ü b e r   d i e   P r e i s e wird im Beschaffungs- wie im Absatzmarkt oft v e r h a n d e l t . Dazu kommt, daß das P r e i s s t e l l u n g s v e r h a l t e n und das Preisanerkennungsverhalten nicht nur von Branche zu Branche, sondern auch von Marktpartner zu Marktpartner u n t e r s c h i e d l i c h   sind.

Die Abweichungen zwischen kalkulierten Verkaufspreisen und effektiven Verkaufspreisen können nur dort erfaßt werden, wo es ex ante einen einheitlichen Verkaufspreis gibt, so in weiten Bereichen des Einzelhandels. Im Großhandel und im industriellen Vertrieb bestehen teilweise erhebliche Preisabweichungen für gleiche Waren bei meist unterschiedlichen Leistungen

1. aufgrund von Marktbedingungen,

2. aufgrund von Kostenbedingungen, z. B. Auftragsgröße, Entfernung.

Die effektiven Preise und damit die Erlöse sind oft bis zum Abschluß des Verkaufsaktes unbekannt.

Zur Bewältigung dieses Problems werden im Rahmen der Planung z. B. s t a n d a r d i s i e r t e   B r u t t o e r t r ä g e auf der Basis früher erzielter Bruttoerträge eingesetzt.

7. Das Problem variabler Leistungen

Im Einzelhandel – weniger im Großhandel – ist der e i n h e i t l i c h e   P r e i s f ü r   a l l e   K u n d e n   trotz unterschiedlicher Leistungsinanspruchnahme über-wiegend verbreitet. Vielfach werden selbst hohe, exakt erfaßbare und zurechen-bare Kostenunterschiede nicht durch Preisanpassungen ausgeglichen. So erhält der weit entfernte Kunde mit hoher Transportkostenbelastung oft den gleichen Preis wie der am Ort befindliche Kunde.

Bei dieser Vorgehensweise werden üblicherweise auch keine kunden- bzw. auf-tragsspezifischen Kosten ermittelt. Man beschränkt sich auf p e r i o d i s c h e D u r c h s c h n i t t s w e r t r e c h n u n g e n.

Heute besteht jedoch generell eine Tendenz zur k o s t e n o r i e n t i e r t e n V e r r e c h n u n g   d e r   L e i s t u n g e n, so durch Verrechnung der Kosten für die Hauszustellung im Einzelhandel oder durch unterschiedliche Zuschläge bei Cost-plus-Systemen bzw. Rabatten bei Bruttoertragspreissystemen für unterschied-liche Auftrags- oder Periodenbezugsmengen oder -werte.

Aber auch dabei handelt es sich um eine Vergröberung auf Durchschnittswerte und oft auch um eine Vernachlässigung wichtiger Kostengrößen. Der Grundge-danke ist eher eine m a r k t o r i e n t i e r t e   P r e i s d i f f e r e n z i e r u n g   als eine faktoreinsatzbezogene Kostenzurechnung.

8. Das Problem der Preisänderungen

Als besonders gravierendes Problem erweisen sich Preisänderungen bei Waren und sonstigen Einsatzfaktoren wie auch beim Absatz. Dadurch vermischen sich in den Wertgrößen Einflüsse der Beschaffungs- und Absatzmärkte einerseits und Pro-duktivitätsvariationen andererseits.

Zur Kontrolle der K o s t e n   u n d   L e i s t u n g e n   ist eine Rechnung mit f e s t e n P r e i s e n   oder mit s t a n d a r d i s i e r t e n   P r e i s e n, d. h. eine P s e u d o -M e n g e n r e c h n u n g, zweckmäßig.

Bei der Beurteilung von I n v e s t i t i o n e n, für die heute Auszahlungen erfor-derlich sind, aber teilweise erst in weiter Zukunft Einzahlungen auftreten, ist da-gegen das Rechnen mit i n f l a t i o n i e r t e n   W e r t e n   eine geeignete Ent-scheidungsgrundlage.

9. Zur Trennung von fixen und variablen Kosten

Im Handel ist die Dispositions- oder Kontraktbestimmtheit der Kosten vergleichs-weise groß. Die Teilbarkeit der Faktoren ist durch neue organisatorisch-technische Lösungen der Gleitzeit und Teilzeit vor allem bei dem im Handel mit durchschnitt-lich 50 % an den Handlungskosten ohne Wareneinsatzkosten beteiligten Faktor Personal beachtlich erhöht worden. Durch neue organisatorische Personaleinsatz-lösungen werden bisher als fix betrachtete Faktoren mindestens stufenweise variabilisiert. Weiter hat die Anbindung der Kosten an die Leistung Auswirkungen auf den Kostencharakter.

Bei der Feststellung von fixen und variablen Kosten ergeben sich im Handel Probleme wegen der **fehlenden Bezugsgrundlage**. In der Industrie wird – wie bereits erwähnt – in der Regel das einzelne Produkt herangezogen. In unterschiedlichen Betrieben werden aufgrund unterschiedlicher Verfahren der Faktoreinsatz- und Kostensteuerung den gleichen Leistungen teilweise variable, teilweise fixe Kosten zugerechnet.

Dadurch ist das Grenzkosten- oder **Deckungsbeitragskonzept** in seiner klassischen Form **nur bedingt anwendbar**. So hat ein Betrieb, der ausschließlich mit leistungsbezogenen Kosten arbeitet, letztlich nur den Gewinn als Deckungsbeitrag. Ein anderer Betrieb, der nur mit zeitbezogenen, am Faktoreinsatz definierten Kosten arbeitet, hat bei vergleichbarem Leistungsprogramm nur geringe variable Kosten, so daß hohe Deckungsbeiträge ausgewiesen werden.

10. Die Mehrdimensionalität der Kostenverursachung

Ein Hauptproblem bildet das Verursachungsprinzip, das eine **Kostenverrechnung nach der Ursache** fordert. Im Handel sagt man, daß eine bestimmte Abteilung, aber auch ein bestimmter Auftrag oder Kunde Kosten verursachen. Hier kommen bereits unterschiedliche Denkweisen zum Ausdruck, die eine eher input- oder outputorientierte Kostenzuordnungskonzeption kennzeichnen.

Man kann oft nicht nur ein Zuordnungskriterium, sondern **mehrere Verteilungskriterien** herausstellen, die wieder alternativ oder kombinativ eingesetzt werden können, so daß die Wahl des Verursachungskonzepts in der Kosten- und Leistungsrechnung keineswegs wertfrei ist.

11. Das Problem der Einzel- und Gemeinkosten

Im Handel ist der Anteil der unechten Gemeinkosten sehr hoch, d. h. der Kosten, die zwar direkt zurechenbar wären, aber aus Gründen der Wirtschaftlichkeit nicht direkt zugerechnet werden.

VI. Die Probleme der Produktivitäts- und Wirtschaftlichkeitsermittlung

Für den Handel wie für das industrielle Marketing gilt, daß vom Unternehmen nicht beeinflußte Maßnahmen der Nachfrager oder der Konkurrenten die Marktwirkungsfunktionen verändern. Erhöhungen des Einsatzes eines oder auch aller Faktoren können wirkungslos bleiben, d. h. keine Veränderung des Absatzes zur Folge haben, andererseits führen Minderungen des Faktoreinsatzes nicht unbedingt zu einem Absatzrückgang.

In Handel und Marketing ist die Isolierbarkeit von externen Einflußgrößen und damit die Möglichkeit, geeignete Maßnahmen zur Verbesserung der Wirtschaftlichkeit einzuleiten, schwierig. Daher können auch Produktivitätsveränderungen zwar erfaßt, aber oft nicht hinsichtlich ihrer Ursachen analysiert werden.

Die preisbereinigte Wirtschaftlichkeit der Leistungserstellung läßt sich wegen der Anbindung der Faktorpreise an die Erlöse und wegen der Unterschiedlichkeit der Absatzpreise nicht ermitteln. Dagegen bedeutet eine Senkung der Kosten in der Industrie unter der üblicherweise getroffenen Annahme eines gleichen Absatzes bei konstanten Absatzpreisen eine Erhöhung des Gewinns. Im Marketing der Industrie wie im Handel ist diese Situation nicht gegeben.

Weit verbreitet ist im Handel die Ergänzung der Kosten- und Leistungsrechnung durch ein umfassendes System von Produktivitäts-, Wirtschaftlichkeits- und Rentabilitäts kennzahlen, mit deren Hilfe versucht wird, trotz der dargestellten Probleme Planungs- und Kontrollstandards zu bilden.

Im Handel haben trotz der immer wieder beklagten theoretischen Schwächen interne Betriebsvergleiche als Kontroll- und Steuerungsinstrument mit breiter Anwendung eine hervorragende Bedeutung. Man kann sogar behaupten, daß durch Betriebsvergleiche die klassischen Kosten- und Leistungsrechnungskonzepte substituiert werden.

Klassische Produktivitäts- und Wirtschaftlichkeitskennzahlen im Handel, wie Umsatz je beschäftigte Person oder Umsatz je Quadratmeter Verkaufsfläche bzw. Geschäftsfläche, werden heute weiter differenziert. Beispiele sind:

— der Bruttoertrag je beschäftigte Person (auf Vollzeit umgerechnet),

— der Bruttoertrag je effektiv geleistete Stunde,

— der Bruttoertrag je bezahlte Stunde,

— der Bruttoertrag je laufender Meter Regalfläche, unabhängig von der Zahl der Stellflächen,

— der Bruttoertrag je laufender Meter Kontaktstrecke, d. h. je Stellflächeneinheit.

Der Vergleich wird somit verbessert durch Ersatz oder. Ergänzung der klassischen Kennzahlen auf der Basis des Umsatzes durch Kennzahlen auf der Basis des Bruttoertrages oder des Deckungsbeitrages.

Die Steuerung der Handelsbetriebe erfolgt in Ermangelung klarer Wirtschaftlichkeits- und Produktivitätsgrößen hilfsweise oft durch Faktoreinsatz- oder durch Kostenproportionen. Beispiele sind u. a.:

— Personalkosten zu Sachkosten,

— Außendienstkosten zu Innendienstkosten, u. U. nur Personalkosten,

— Marketingkosten zu Kosten der physischen Distribution,

— Anteil der Personalkosten an den Gesamtkosten, d. h. Personalkosten zu allen sonstigen Kosten,

— Lagerkosten zu Transportkosten.

Auch theoretisch ist dieses Vorgehen begründbar. Man unterstellt bei wachsenden oder schrumpfenden Leistungen, z. B. gemessen an den Erlösen, daß ein gegebenes Leistungsprogramm kostenminimal und damit auch ein unerwarteter Erlös gewinnmaximal realisiert wird, wenn ein bestimmtes Einsatzverhältnis der Kosten nach Kostenarten oder nach Kostenstellen eingehalten wird.

Ermittelt werden solche Kennzahlen z. B. aus Bestbetrieben oder durch a r b e i t s - a n a l y t i s c h e   S t u d i e n. Sie werden als P l a n u n g s s t a n d a r d s regelmäßig angepaßt und je nach dem Zweck der Rechnung für kurze Perioden, mindestens jedoch einmal pro Jahr, kontrolliert.

Im übrigen sei der Vollständigkeit halber darauf hingewiesen, daß alle empirischen Erhebungen auf der Basis von Ist-Werten zur Ableitung von Gesetzmäßigkeiten effektive Tatbestände und nicht denkmögliche optimale Verhaltens- oder Reaktionsweisen enthalten.

Die Erfassung von quantitativen Angaben kann in Betriebsvergleichen durch zwei weitere Informationstypen ergänzt werden:

1. durch die Erfassung der Gründe für die quantitativen Ergebnisse,

2. durch die Vorschläge für Maßnahmen zur Veränderung der quantitativen Ergebnisse.

Der Ausbau kombinierter qualitativer und quantitativer interner und externer Betriebsvergleiche wird zur Zeit in vielen Unternehmen des Handels, aber auch in den Marketingabteilungen der Industrie mit Nachdruck gefördert.

VII. Die Probleme der Ermittlung von Preisuntergrenzen

Das Problem der Preisuntergrenzen kann durch die Kosten- und Leistungsrechnung wegen

a) des Sortimentsverbunds zwischen Artikeln,

b) des sachlichen sonstigen Instrumentalverbundes, z. B. durch übergreifende Werbewirkungen,

c) des Preisverbundes zwischen Artikeln

im Handel längst nicht immer wie in der Industrie behandelt werden. Hier sind Kenntnisse der substitutiven oder komplementären Marktstellung unerläßlich.

<u>Der einzelne Artikel ist ungeeignet als Entscheidungsgrundlage für die Festlegung der Preisuntergrenze. Der B r u t t o e r t r a g   j e   A u f t r a g oder der Bruttoertrag   j e   K u n d e bei einzelnen nicht wiederholbaren Sonderaktionen und auch der Bruttoertrag   j e   T a g sind hier die geeigneten Stützgrößen.</u>

B. Die Kostenrechnung als Informationssystem für die Unternehmenspolitik in Handelsbetrieben

I. Der Gegenstand

Die Aussagen der Kosten- und Leistungsrechnung lassen sich auf Entscheidungs-
wirkungen der Handelsprogramm-, der Management- und der Technologiepolitik
zurückführen.

Bestimmte Ergebnisse der Kostenrechnung haben ihre Ursachen in Entscheidungen
auf diesen Politikebenen, z. B. die Setzung ungeeigneter Verkaufspreise, die Vernachlässigung des Sortimentsverbundes, der ungünstige Einkauf, die Fehleinschät-
zung von Engpässen[6]). Sogar die Präferenzstruktur über alternative Informations-
lagen beeinflußt die Kostenrechnung[7]).

Die Handelsprogramm- oder allgemeiner die Leistungsprogrammpolitik berücksichtigt vier große Politikbereiche, und zwar:

1. die Grundstrukturpolitik, die sich mit den Entscheidungen befaßt,
   die im allgemeinen alle Betriebsbereiche berühren, z. B. die Wahl des Stand-
   ortes oder die Tätigkeit im Inland oder im Ausland,

2. die Marktpolitik, die sich mit den Entscheidungen auf den Beschaffungs-
   und Absatzmärkten zur Beeinflussung von Anbietern und Nachfragern – und
   damit indirekt auch von Konkurrenten – oder zur Anpassung an die Marktpartner befaßt,

3. die Faktorkombinationspolitik, mit deren Hilfe der Einsatz betrieblicher Faktoren, z. B. von Personal oder Fuhrpark, gesteuert wird,

4. die Finanzierungspolitik, die dazu beitragen soll, die für die anderen Teilbereiche der Politik erforderliche Kapitalgewinnung und die notwendige Kapitalverwendung unter Einhaltung der Liquidität und spezieller finanz-
   politischer Ziele sicherzustellen.

Die Marketingmanagementpolitik befaßt sich unter spezieller Sicht
der Tätigkeit in Marketing und Handel mit den Fragen der Planung, der Organisation, der Führung und der Kontrolle. Die Leistungsprogrammpolitik läßt sich faktisch nur dann effizient realisieren, wenn in der Managementebene die entsprechenden Voraussetzungen bestehen oder geschaffen werden.

Die Technologiepolitik umfaßt die Entscheidungen darüber, wie etwas
konkret in die Praxis umgesetzt werden soll, und die Realisationstechnologie wid-
met sich den zahlreichen, oft detaillierten Verfahrenstechniken, nach denen dann
konkret verfahren wird. Im Bereich der Technologiepolitik ist die Operationalität
bzw. Feasibility, d. h. die technologische Machbarkeit, eine unerläßliche Voraus-

---

6) Vgl. Schmitz, Gerhard: Möglichkeiten einer Verbesserung der Kosten- und Leistungsrechnung des Handelsbetriebes mit Hilfe der Deckungsbeitragsrechnung, in: Mitteilungen des Instituts für Handelsforschung
an der Universität zu Köln, 26. Jg., 1974, 1. Teil: H. 8, 97–103 und S. 108; 2. Teil: H. 9, S. 109–111, hier S. 101.

7) Vgl. Divé, Werner H.: Mehrdimensionale Kostenrechnung als Entscheidungshilfe, Diss. Frankfurt a. M. 1972,
S. 144.

setzung. Die Machbarkeit bildet die Voraussetzung für die praktische Umsetzung von Vorschlägen auf der Leistungsprogrammebene und auf der Managementebene in die Praxis.

Die **kategorialen Grundlagen** aller unternehmenspolitischen Entscheidungen – die **Daten**, die **Ziele** und die **Instrumente** – kann man nach unterschiedlichen Entscheidungsfeldern gliedern, wie Tabelle 1 zeigt.

Entscheidungs-modellelemente	Objektebene		
	Leistungs-programm	Management	Technologie
Daten			
Ziele			
Instrumente			

Tab. 1: Matrix für einen entscheidungsorientierten Ansatz
der Betriebswirtschaftslehre

Dieses Gliederungsraster wird hier vorgestellt, weil die Kosten- und Leistungsrechnung auf allen Gebieten informative Hilfestellung bieten soll.

Außerdem muß man berücksichtigen, daß die Zahlenwerke der Kosten- und Leistungsrechnung die Abläufe und Ereignisse in diesen drei Ebenen normalerweise simultan erfassen, d. h., in einer für das Leistungsprogramm ex post festgestellten Kostenwirtschaftlichkeit ist stets auch die Effizienz der Management- und Technologiepolitik enthalten.

Die klassischen Ansätze der Kostenrechnung gehen explizite auf diese unternehmenspolitischen Teilbereiche nicht ein.

II. Die speziellen Daten für die Kosten- und Leistungsrechnung

Der Aufbau eines Kosten- und Leistungsrechnungssystems dient der Stützung aller unternehmenspolitischen Entscheidungen. Daher sind die Ziele, die Daten und die Instrumente der Unternehmenspolitik Daten der Kostenrechnungspolitik.

Daneben gibt es **spezielle Daten**, die u. U. auf die Unternehmenspolitik Rückwirkungen haben können:

1. **rechtliche Daten**, z. B. über die Art der Aufzeichnungen im Rahmen des Rechnungswesens, aber auch über die Bewertung von Strömungs- und Bestandsgrößen;

2. **informative Daten**, z. B. fehlende Informationen, die zu einer Modifikation von Kosten- und Ergebnisrechnungssystemen führen; hier sind vor allem externe Informationen über Marktpartner oder Konkurrenten zu erwähnen, die in marktorientierten Rechnungssystemen einzubeziehen wären;

3. **konzeptionelle Daten**, die eine mangelnde theoretische Lösbarkeit rechnungsrelevanter Fragen kennzeichnen, auf die bereits hingewiesen wurde.

III. Die Ziele der Kosten- und Leistungsrechnung für ein Unternehmen

1. Der Überblick

Die Aufzeichnungen der Kosten- und Leistungsrechnung sollen allgemein dazu beitragen,

1. Zielerreichungsgrade zu messen,

2. Begründungen für das Erreichen oder Nichterreichen der Ziele zu liefern,

3. Anregungen für Strategieveränderungen zu geben.

Diese globalen Ziele müssen nach unternehmenspolitischen Teilbereichen aufgefächert, analysiert und dann zu einem **unternehmensspezifischen Zielbündel** kombiniert werden. Auf dieser Grundlage ist das **konkrete Kostenrechnungssystem** zu formulieren.

Neben den auf Sachfragen der Unternehmenspolitik ausgerichteten materiellen Zielen sind Ziele der Kosten- und Leistungsrechnungspolitik selbst herauszustellen. Die Kostenrechnung hat letztlich das Metaziel, das Zielsystem des Unternehmens bestmöglich zu erreichen[8]. Als **konkurrierende formale Ziele** lassen sich nennen:

1. die Richtigkeit und die Genauigkeit,

2. die Wirtschaftlichkeit.

Die **relative Richtigkeit** liegt in der Wahl des Bewertungsprinzips, und zwar aufgrund der Zweckmäßigkeit im Hinblick auf die Zielsetzung; dies gilt für alle Bewertungen. Die **absolute Richtigkeit** kennzeichnet das konsequente Einhalten des Verursachungsprinzips. Im Gegensatz zur pfenniggenauen Finanzbuchhaltung kann sich das interne Rechnungswesen auf **zweckentsprechend**[9] **genaue** Größenordnungen beschränken.

Die **Wirtschaftlichkeit** bezieht sich auf den Informationswert oder die Aussagefähigkeit der Rechnung im Verhältnis zum Aufwand für die Erfassung, Verrechnung, Darstellung und Auswertung des Zahlenmaterials.

---

8) Vgl. Meffert, Heribert: Betriebswirtschaftliche Kosteninformationen, Wiesbaden 1968, S. 71.

9) Vgl. Riebel, Paul: Richtigkeit, Genauigkeit und Wirtschaftlichkeit als Grenzen der Kostenrechnung, in: Neue Betriebswirtschaft, Nr. 3, 1959, S. 41–45, hier S. 41.

Als formale Ziele können auch

— die Vollständigkeit,

— die Revisionsfähigkeit und

— die Aktualität

der Kosten- und Leistungsrechnung[10]) bezeichnet werden.

Gerade in Handelsbetrieben bestehen wichtige Restriktionen hinsichtlich der Wirtschaftlichkeit der Kosten- und Leistungsrechnung. Einige theoretische Voraussetzungen zur Erfassung von zeitlichen oder sachlichen Verbundeffekten sind weiter entwickelt als die wirtschaftlich vertretbaren Möglichkeiten ihrer Erfaßbarkeit.

Eine weitere wichtige formale und auch pragmatische Forderung mit beachtlichen materiellen Konsequenzen ist die unmittelbare **Ableitbarkeit aller Kosten- und Erlösgrößen aus dem** teils gesetzlich vorgeschriebenen, teils durch lange Usancen gewachsenen allgemeinen **Rechenwerk der Unternehmen.**

Bei der konkreten Abgrenzung der unternehmenspolitischen, d. h. der materiellen Ziele der Kosten- und Leistungsrechnung ergeben sich zunächst deshalb Schwierigkeiten, weil die meisten Aussagen sich an bestimmten Kostenrechnungsmodellen für Industriebetriebe orientieren. Ein weiteres Problem besteht darin, daß die Zielorientierung der Kostenrechnung nicht klar an bestimmten unternehmenspolitischen Zielsetzungen ausgerichtet wird.

Als klassische Aufgaben der Kostenrechnung werden vor allem die Erfassung, Verteilung und Zurechnung der Kosten zum Zwecke der Wirtschaftlichkeitskontrolle und die Schaffung einer Kalkulations- und Dispositionsgrundlage genannt[11]).

Aufgrund der historischen Entwicklung werden herausgestellt:

1. die Erfassungs- und Verteilungsfunktion,

2. die Funktion der Überwachung und der laufenden Kontrolle der Kostenwirtschaftlichkeit,

3. die Prognosefunktion zur Planung der betrieblichen Kosten[12]).

Daß die Praxis teilweise die gleichen und teilweise weiter gehende Anforderungen an die Kostenrechnung stellt, zeigt das folgende Beispiel:

---

10) Vgl. auch Kube, Volker: Leistungserfassung im Industriebetrieb, in: Jacob, Herbert (Hrsg.): Neuere Entwicklungen in der Kostenrechnung (I), Schriften zur Unternehmensführung, Bd. 21, Wiesbaden 1976, S. 41–84, insb. S. 79 f.

11) Vgl. Wöhe, Günter: Einführung in die Allgemeine Betriebswirtschaftslehre, 12. Aufl., München 1976, S. 878.

12) Vgl. Jacob, Herbert: Marginalien des Herausgebers, in: Jacob, Herbert (Hrsg.): Neuere Entwicklungen in der Kostenrechnung (I), Schriften zur Unternehmensführung, Bd. 21, Wiesbaden 1976, S. 1–8, hier S. 6; vgl. auch Heinen, Edmund (Hrsg.): Industriebetriebslehre, Entscheidungen im Industriebetrieb, Wiesbaden 1972, S. 745–760; Pfeiffer, Werner: Der Erkenntniswert der Kostenrechnung, in: Böcker, Franz; Dichtl, Erwin (Hrsg.): Schriften zum Marketing, Bd. 1: Erfolgskontrolle im Marketing, Berlin 1975, S. 33–54, hier S. 46 f.

„Die SÜTEX stellte an ihr Kostenrechnungssystem nicht primär die Aufgabe, Kalkulationsunterlagen zu liefern und Entscheidungsgrundlagen für die Formung des ‚Produktionsprogramms oder des Sortiments' zu schaffen. Vielmehr war und ist Ziel der Kostenrechnungen:

1. die amorphe Masse der Kosten auf den Kostenverursachenden zurechenbar zu machen. Das Unternehmen wurde in Kostenstellen gegliedert, die den Verantwortungsbereichen entsprechen,

2. einen Deckungsbeitrag, der Kennzahl des Erfolges jedes Verantwortungsbereiches ist, zu ermitteln. Hiermit ist die Zurechnung von Erträgen auf den einzelnen Kostenstellenverantwortlichen verbunden. Erträge, Kosten und Deckungsbeiträge werden planerisch vorgegeben (budgetiert),

3. die Verteilung von Kosten durch Schlüssel soll durch die Weiterwälzung der Deckungsbeiträge vermieden werden. Hiermit soll das Kostengefüge durchsichtig gemacht und Vergleiche der Wirtschaftlichkeit der Häuser und Betriebsteile untereinander ermöglicht werden,

4. jeder Abteilungsleiter und für seine Kostenstelle verantwortliche Mitarbeiter der SÜTEX muß monatlich alle für die Führung seines Bereiches notwendigen Informationen erhalten. Er soll voll unternehmerisch handeln, unter Beachtung aller für seine Arbeit und deren Erfolg wesentlichen Daten. Die Eigenverantwortlichkeit des Einzelnen wird gestärkt, seine kosten- und ertragsbewußte Gestaltungsmöglichkeit gefördert,

5. eine rasche und klare Kostenkontrolle muß gesichert sein"[13].

Mißverständnisse über Möglichkeiten und Grenzen von Kosten- und Leistungsrechnungsmodellen beruhen daher primär auf der m a n g e l n d e n H a r m o n i s i e r u n g zwischen dem unternehmenspolitischen Modell einerseits und dem Kostenrechnungsmodell andererseits.

Es ist somit die Frage zu beantworten, welche unternehmenspolitischen Probleme mit welchen Kosten- und Leistungsinformationen bearbeitet werden können.

Man kann somit zwei Entscheidungsebenen unterscheiden:

1. Entscheidungen über Sachprobleme in Unternehmen,

2. Entscheidungen über Informationsprobleme in Unternehmen.

2. Die Kosten- und Leistungsrechnung als Hilfsmittel der Grundstrukturpolitik im Handel

Im Rahmen der Grundstrukturpolitik erfolgt die allgemeine Festlegung der U n t e r n e h m e n s k o n s t i t u t i o n. Hierdurch werden die Freiheitsgrade bei der Marktpolitik eingeengt.

---

13) Willeitner; Zander, H.: Deckungsbeitragsrechnung bei der SÜTEX, in: Blätter für Genossenschaftswesen, 119. Jg., 1973, S. 309–313, hier S. 310.

Beispiele für langfristige grundstrukturpolitische Entscheidungen sind die Anzahl der Lager, die Zahl und der Betriebstyp der Filialen oder auch die Aufnahme neuer Abteilungen.

Anforderungen an Kosten- und Leistungsinformationen für die Grundstrukturpolitik betreffen

1. die Beurteilung der Investition oder Desinvestition, z. B. der Neueröffnung oder Schließung von Filialen,

2. die Beurteilung der Investition in neue Betriebstypen,

3. die Beurteilung der Möglichkeiten zur langfristigen Beibehaltung des Preis- und Kostenniveaus,

4. die Harmonisierung der Kapazitäten in einzelnen Teilbereichen des Unternehmens,

5. die Bereitstellung entscheidungsrelevanter Informationen für die Investitionsplanung durch Rentabilitätsanalyse.

Es ist daher die Frage zu stellen, welche Informationen aus der Kosten- und Leistungsrechnung für derartige Entscheidungen entnommen werden können. Für Handelsbetriebe gibt es mehrere Abschichtungen l a n g f r i s t i g s c h w e r v a r i i e r b a r e r Faktor- und Kostenentscheidungen:

1. die Entscheidung über das angestrebte K o s t e n n i v e a u und damit über das erzielbare P r e i s n i v e a u, d. h. die Entscheidung über den angestrebten B e t r i e b s t y p im Handel,

2. die Entscheidung über die angestrebten F a k t o r s c h w e r p u n k t e, z. B. über die Personal- oder Sachmittelorientierung.

Daraus ergeben sich b e t r i e b s t y p e n s p e z i f i s c h e K o s t e n s t r u k t u r e n.

Betriebstyp	Preisniveau in Prozenten des Basispreises für Fachdiskonter
Fachdiskonter	100
Verbrauchermarkt, SB-Warenhaus	105–107
Supermarkt	111–114
Nachbarschafts-Teil-SB-Laden, auch Fachgeschäft	115–120

Tab. 2: Beispiele für Preisniveaudifferenzen im Einzelhandel

Die erste Grundlage für die Wahl des Betriebstyps sind Marktwirkungsfunktionen über die Preistragfähigkeit. Es gibt b e t r i e b s t y p e n s p e z i f i s c h z u l ä s - s i g e P r e i s d i f f e r e n z e n für technisch gleiche Produkte, die vom Einzelhandel mit unterschiedlichen Leistungspaketen angeboten werden. Diese Differenzen lassen sich etwa wie in Tabelle 2 gezeigt skizzieren.

Es gibt vergleichsweise einfache kategoriale Preisstrategien. So ist z. B. Carrefour bestrebt, etwa 8 % bis 10 % preisgünstiger zu sein als die Konkurrenten mit einem höheren Preis-Leistungs-Niveau.

Kostenart	Lebens-mittel-Diskonter	Verbraucher-markt (SB-Warenhaus)	Super-markt	Klein-preis-warenhaus	Warenhaus
Handlungskosten in Prozent vom Umsatz					
Personalkosten	5,0	5,0	8,5	12,0	17,0
Mieten	2,0	2,0	1,5	5,0	3,5
Abschreibung	1,0	1,5	1,5	2,0	2,5
Werbung	1,0	1,0	1,0	1,0	1,0
übrige Direkt-kosten	1,0	4,0	1,0	6,0	5,0
Deckungsbeitrag für zentrale Kosten	5,0	4,0	8,5	2,0	3,0
Kosten insgesamt	15,0	17,5	22,0	28,0	32,0
Handlungskosten in Prozent der Gesamtkosten					
Personalkosten	33	30	39	43	53
Mieten	13	12	7	18	11
Abschreibung	7	9	7	7	8
Werbung	7	6	4,5	4	3
übrige Direkt-kosten	7	24	4,5	21	16
Deckungsbeitrag für zentrale Kosten	33	19	38	7	9

Tab. 3: Beispiele für Kostenstrukturen im Einzelhandel in der Bundesrepublik Deutschland im Jahre 1976

Die kategorialen Faktorkombinations- und Kostenentscheidungen sind im Handelsbetrieb langfristig angelegt. Mit der Entscheidung für einen bestimmten Betriebstyp im Einzelhandel wird ein Basisniveau der Kosten festgelegt, das nur innerhalb bestimmter Schwellenwerte variiert werden kann, d. h., bei jedem Preisniveau kann ein darauf leistungsmäßig ausgerichtetes Faktoreinsatzniveau nicht überschritten werden.

Neben den Informationen über Kostenstrukturen sind auch die Kenntnisse der K o s t e n d y n a m i k für die Beurteilung der Unternehmenspolitik in den unterschiedlichen Betriebstypen von Bedeutung.

In diesem Zusammenhang sei auf das Gesetz der steigenden Handelsspannen hingewiesen. Von 1960 bis 1975 haben sich die Handelsspannen im Einzelhandel kräftig erhöht. Dieses einzelwirtschaftliche Gesetz der steigenden Handelsspannen wird gesamtwirtschaftlich immer wieder durch das Auftreten neuer Betriebstypen

Jahr	Karstadt AG	Kaufhof AG	Horten AG	Neckermann Versand KGaA	Facheinzelhandel[1]			
					insgesamt	Lebensmitteleinzelhandel	Textileinzelhandel	Beleuchtungs- und Elektroeinzelhandel
1960	41,8	45,3	–	–	35,9	22,9	45,6	64,2
1965	44,1	48,4	–	–	37,9	23,6	49,5	68,9
1966	45,5	48,3	–	–	38,5	23,9	50,2	79,5
1967	46,9	52,3[3]	–	–	39,7	23,6	53,4	76,1
1968[2]	56,5	64,1	61,8	64,8	47,3	28,2	65,6	83,8
1969	58,9	67,5	64,2	64,5	48,4	28,9	68,4	90,1
1970	61,6	67,5	66,0	68,8	49,7	29,7	71,5	85,2
1971	61,6	68,5	66,5	72,6	51,3	29,9	76,4	84,5
1972	66,1	69,4	66,8	75,2	52,7	30,7	79,2	91,9
1973	67,3	71,2	67,1	81,9	54,6	31,1	83,2	87,3
1974	64,7	71,3	66,3	84,1	55,5	31,1	86,9	100,8
1975	64,6	71,4	65,4	71,5	–	–	–	–

1) Ergebnisse des Betriebsvergleichs des Instituts für Handelsforschung an der Universität zu Köln.

2) Ab 1968 einschließlich der gesamten Mehrwertsteuer, darum tendenziell höher als bis einschließlich 1967. Diese Tendenz gilt auch bei Eliminierung des rechnerischen Schubs, der von der Umstellung der Allphasenumsatzsteuer auf die Mehrwertsteuer bewirkt wurde.

3) Nach AktG 1965 veränderte Bilanzierungsweise: der vergleichbare Wert für 1966 beträgt 51,5 %.

Quelle: Scheibe-Lange, Ingrid: Rationalisierung, Gewinn- und Personalpolitik der Warenhäuser Karstadt, Kaufhof, Horten und Neckermann, in: Schriftenreihe für Betriebsräte und Vertrauensleute, Nr. 7, 1976, hsrg. von der Gewerkschaft Handel, Banken und Versicherungen im DGB, Hauptvorstand, Düsseldorf 1976.

Tab. 4: Der durchschnittliche Handelsspannenaufschlag in ausgewählten Unternehmen und Betriebstypen in der Bundesrepublik Deutschland von 1960 bis 1975

mit vergleichsweise niedrigen Handelsspannen abgeschwächt. Jedoch kommt es insgesamt gesehen wegen der zu Beginn geringen Marktbedeutung der Innovatoren und der auch bei ihnen im Zeitablauf gleichermaßen eintretenden Spannensteigerung auch nicht zu einer Absenkung der durchschnittlichen relativen Bruttoerträge des gesamten Einzelhandels im Zeitablauf.

Der Hauptanlaß für die Spannensteigerungen sind die im Vergleich zur Industrie geringen Möglichkeiten zur Steigerung der Personalproduktivität im Handel.

In Tabelle 4 sind einige Handelsspannenwerte für die Bundesrepublik Deutschland wiedergegeben.

Für die Grundstrukturpolitik im Handel sind aufgrund dieser Überlegungen folgende Kosten- und Leistungsinformationen unerläßlich:

1. genaue Preisniveauinformationen, die zur Entwicklung betriebstypenspezifischer und unternehmensspezifischer Preisindizes, so bei Warenhäusern und Filialunternehmen, geführt haben,

2. Handelsspanneninformationen und damit indirekt auch Einstandspreisniveauinformationen, aus denen sowohl die Beschaffbarkeit von Waren als auch das Kostenniveau der Betriebstypen abgeleitet werden,

3. eine warengruppenspezifische Sortimentsanteilsinformation, die u. a. die Ermittlung warengruppenspezifischer Bruttoerträge ermöglicht,

4. Kostenarten- und Kostenstelleninformationen über unterschiedliche Leistungsprogramme und damit über unterschiedliche Betriebstypen.

Für diese Informationskategorien empfehlen sich insbesondere Betriebsvergleiche als betriebliche und überbetriebliche Kosten- und Leistungsinformationssysteme.

Die Investitionsrechnungen werden im Handel sowohl hinsichtlich der Auszahlungsreihen als auch hinsichtlich der Einzahlungsreihen oft auf derartige Vergleichswerte aus dem eigenen Unternehmen und aus fremden Unternehmen gestützt. Dabei werden Ist-Werte teilweise durch Normal- oder Planwerte ersetzt, um Abweichungen in den Marktbedingungen oder auch bei den Kostenbedingungen zu berücksichtigen.

Als Hauptproblem erweist sich dabei die Zuverlässigkeit der langfristigen Kosten- und Leistungsinformationen. Ein schwer lösbares Problem zur Beurteilung von Investitionen ist die zusätzliche Einbeziehung von Preissteigerungen im Bereich der Kosten und Leistungen und damit auch im Bereich der Auszahlungen und Einzahlungen. Darauf ist in anderem Zusammenhang noch zurückzukommen.

Die Informationen der Kosten- und Ergebnisrechnung können jedoch hilfsweise für langfristige Planungen herangezogen werden. Die erwarteten Erlöse und Kosten kurzer Perioden werden als Grundlage der Ein- und Auszahlungsplanung herangezogen.

<u>Man verzichtet in Handelsbetrieben auf eine vollständige Investitionsrechnung oft deswegen, weil, abgesehen von einer Durststrecke bei der Realisation eines neuen Projektes, in jeder folgenden Periode etwa</u>

gleich hohe Einzahlungsüberschüsse erwartet und die Preisveränderungen nur gering veranschlagt werden.

Im Handel wird teilweise eine k u m u l i e r t e   m e h r j ä h r i g e   K o n t r o l l - r e c h n u n g zur Überprüfung der Entscheidungen der Grundstrukturpolitik eingesetzt. So werden die Planwerte für neue Filialen aus den Vergangenheitswerten vergleichbar strukturierter Betriebe abgeleitet. Die effektiven Umsätze sowie die Kosten und bestimmte Kennzahlen, wie Cash flow und Rentabilität, werden dann jeweils für mehrere Jahre nach der Eröffnung kumuliert oder teilweise auch als mehrjährige Durchschnittswerte mit den entsprechenden Planwerten verglichen.

In Einzelfällen wird in diesen Vergleich auch eine Analyse der Marktgegebenheiten einbezogen, z. B. die Veränderung der Bevölkerung, die Veränderung der warengruppenspezifischen Kaufkraft und die Veränderung der Konkurrenzsituation, letzteres vor allem bei Lebensmittelfilialunternehmen.

3. Die Kosten- und Leistungsrechnung als Hilfsmittel der Marktpolitik im Handel

Kosten- und Leistungsinformationen werden sowohl für die Beschaffungspolitik als auch für die Absatzpolitik eingesetzt.

Die A b s a t z p o l i t i k beschäftigt sich vor allem mit der folgenden Frage: Wie kann bei gegebenen Kapazitäten oder bei einem oder mehreren alternativen gegebenen Kostenbudgets der höchstmögliche Erlös erzielt werden?

Dabei wird man u. U. anstreben, Informationen über die Wirkungen des Einsatzes oder der Veränderung des Einsatzes einzelner Marketinginstrumente zu gewinnen, z. B. durch Kosten-Nutzen-Analysen bei Werbeaktionen oder bei Preisänderungen:

1. Deckt der marginale Einsatz eines Marketinginstruments die marginalen Kosten?

2. Hat der Einsatz eines anderen Marketinginstruments bei gleichen Kosten mehr Wirkungen?

3. Hat der Einsatz eines anderen Marketinginstruments die gleichen Wirkungen bei weniger Kosten?

Mit Hilfe der Kosten- und Leistungsrechnung wird somit angestrebt, die M a r k t - w i r k u n g s f u n k t i o n e n zu ermitteln. Weiter interessieren Informationen über den K o s t e n d e c k u n g s p u n k t (break even point) der eingesetzten Marktinstrumente.

Man kann auch fordern, die Kosten- und Leistungsrechnung so zu gestalten, daß die alternativen sachlichen und die zeitlichen V e r b u n d w i r k u n g e n erfaßt werden können.

Ein wichtiger Aspekt ist schließlich die E f f i z i e n z k o n t r o l l e   d e s   M a r - k e t i n g - M i x. Dafür ist nicht nur die Ermittlung von Umsatz und Bruttoerträgen, sondern auch die Feststellung der Marktanteile zweckmäßig.

Als weiteres Beispiel für absatzorientierte Ziele der Kosten- und Leistungsrechnung sei die Erleichterung der Anpassung an Marktwandlungen, z. B. an Preiseinbrüche oder an Sortimentsumwertungen, herausgestellt. Zur Erreichung dieser Ziele werden neben klassischen Kosten- und Leistungsinformationen in der Regel auch Marktinformationen benötigt.

Ein weiteres Zielsystem der Kosten- und Leistungsrechnung unter dem Aspekt der Marktpolitik befaßt sich mit der Kalkulation. Eine klare Abgrenzung zwischen Preispolitik und Kalkulation wird weder von der Praxis noch von der Wissenschaft vorgenommen. Hier sei die Kalkulation pragmatisch als Hilfsmittel für die Planung und Kontrolle der Preispolitik bezeichnet.

Eine wichtige Aufgabe sind zweifelsohne auch im Handel Abstützungen der Verrechnungspreise für interne Leistungen durch Informationen der Kosten- und Leistungsrechnung.

Bei der Abstützung von Verkaufspreisen einzelner Waren, die wünschenswert wäre, ergeben sich aufgrund von Verbundeffekten und wegen der Periodenorientierung der Kostenrechnung Probleme. So tritt im Handel die Planung und Kontrolle von Stückergebnissen, d. h. die Vor- und Nachkalkulation, gegenüber der Industrie an Bedeutung zurück.

Es gibt im Handel jedoch periodenbezogene Kalkulationsanforderungen. Mit Hilfe der Kosten- und Leistungsrechnung sollen Informationen für die Abgabe von Angeboten geliefert werden, die im Handel bei der Bedienung von öffentlichen Auftraggebern als periodische, z. B. jährliche Rahmenverträge zunehmende Bedeutung erlangen.

Die Kalkulation soll auch eine kosten- und marktgerechte Festlegung von Rabatten und Boni erleichtern, die üblicherweise kombiniert auf Stück- und auf Periodenbasis erfolgt und mit der versucht wird, entweder Kosten zu senken oder Marktwirkungen zu erzielen.

Als Ziel der Kalkulationspolitik ist weiter die bestmögliche Aufbereitung von Kosteninformationen zur Erreichung von Aufträgen zu nennen. In zunehmendem Maße gewinnt das Konzept der Offenlegung der Kalkulation zwischen Marktpartnern Bedeutung. Dies bedeutet, daß Preise für festgelegte Artikelgruppen zwischen Industrie und Handel unter gegenseitiger oder auch nur einseitiger Kenntnis aller Kalkulationsgrundlagen zustande kommen und u. U. für länger als ein Jahr – oft mit Preisgleitklauseln – vereinbart werden. Der Prozeß des Aushandelns basiert auf den Ist-Kosten der vergangenen Periode oder auch auf Plankosten der Periode, für die der Preis gesucht wird.

Ein weiteres Ziel der Kalkulation ist die Erhöhung der Vergleichbarkeit von Beschaffungspreisen. Bei der Beschaffungskalkulation wird üblicherweise der Marktpreis zugrunde gelegt. Dieser Preis ist z. B. bei Inlandswaren und Importwaren unterschiedlich, da für letztere Zölle, Frachten und sonstige Beschaffungskosten aufzuwenden sind. Daher wird eine Vereinheitlichung der Beurteilungsbasis von Beschaffungspreisen vorgenommen.

4. Die Kosten- und Leistungsrechnung als Hilfsmittel der Faktorkombinationspolitik im Handel

<u>Mit Hilfe der Kostenrechnung soll im Hinblick auf die Faktorkombinationspolitik folgende Frage beantwortet werden: Wie kann (bei gegebenen Kapazitäten) ein erstrebter Erlös mit minimalen Kosten erreicht werden?</u>

Das Hauptproblem der Kosten- und Leistungsrechnung stellt beim Faktoreinsatz die Konstanz oder Variabilität der Kapazitäten dar. Wie bereits erwähnt, sind für den Handel primär Leistungsbedingungen der variablen Faktorkapazitäten relevant.

F a k t o r e i n s a t z b e z o g e n e   Z i e l e der Kosten- und Leistungsrechnung sind u. a.:

1. die innerbetriebliche Leistungsverrechnung,

2. die Erleichterung der Anpassung an Absatzschwankungen und damit an Beschäftigungsschwankungen,

3. die Schaffung klarer Kostenübersichten über alle Unternehmensbereiche.

So besteht eine Aufgabe der Faktorkombinations- und Kostenpolitik darin, durch Änderung von Beschäftigungsschwankungen die Kosten zu senken, teilweise sogar in Verbindung mit Marketingmaßnahmen. So kann die Spitzenbelastung eines Fuhrparks in der Woche durch Gewährung von Prämien oder Preisnachlässen bei Belieferung am Wochenende gemildert werden. Die informative Bewältigung solcher Maßnahmen einerseits und der rechnerische Nachweis des Effekts andererseits können durch die Kostenrechnungspolitik erbracht werden.

Ob marktgerechte Kostengüterpreise angesetzt werden, ist eine Frage der Kostenpolitik. Inwieweit z. B. in kleinen Handelsbetrieben eine Unterbewertung der Tätigkeit mithelfender Familienangehöriger oder ein Verzicht auf den Ansatz von Mietwerten bei Tätigkeit in eigenen Gebäuden erfolgt, kann durch geeignete Verfahren der Kostenrechnungspolitik verdeutlicht werden. Von Bedeutung ist überdies die Trennung in auszahlungswirksame und nicht auszahlungswirksame Kosten.

Im Bereich der Faktorkombinationspolitik interessiert auch der Beitrag a l t e r n a t i v e r   K o s t e n k a t e g o r i e n und damit alternativer Verfahren zur Kostenminimierung. Festzulegen sind z. B. die leistungsabhängigen, so die erlösabhängigen und die nicht erlösabhängigen Kostengrößen. In enger Verbindung damit steht das Konzept der Festlegung von beeinflußbaren und nicht beeinflußbaren Kosten.

Das Konzept der f i x e n   K o s t e n und der v a r i a b l e n   K o s t e n beruht auf der Beschäftigungsabhängigkeit. Die Trennung in fixe und in proportionale Kosten kann im Handel durch das K o n z e p t   d e r   B e e i n f l u ß b a r k e i t ersetzt werden. Bei langfristigen Umsatz-Mietverträgen gibt es unbeeinflußbare, aber proportionale Kosten. Eine Veränderung im Beleuchtungssystem trägt den Charakter beeinflußbarer, aber fixer Kosten.

Die Präferenz für fixe und variable Kosten prägt die Ausgestaltung der Kosten- und Leistungsrechnung. Sie beeinflußt im übrigen oft auch die Zahlungswirksamkeit.

Von dem Konzept der Kostenaufteilung ist das Konzept der direkten Kosten und das Konzept der Zurechenbarkeit abzuheben.

Direkte Kosten kennzeichnen einen Zweckaufwand, der unmittelbar mit der Existenz z. B. einer Abteilung oder einer Filiale verbunden ist. Man spricht teilweise auch von vermeidbaren Kosten im Gegensatz zu den nicht von der Existenz der jeweiligen Abteilung abhängigen unvermeidbaren Kosten.

Das Konzept der Zurechenbarkeit kennzeichnet unabhängig von der Existenzbedingung die Möglichkeit der unmittelbaren stellen- oder trägerbezogenen Zuordnung des Zweckaufwandes. So gibt es zurechenbare Kosten und nicht zurechenbare Kosten. Auch darüber fallen Entscheidungen bei der Faktorkombinations- und Kostenpolitik, deren Zweckmäßigkeit durch die Kosten- und Leistungsrechnung nachweisbar wird.

Schließlich wird in der Faktorkombinationspolitik über die Frage der Eigenerstellung oder des Fremdbezugs von Leistungen entschieden. Für den Handel stellt sich das Problem, ob bereits gebündelte Faktorkombinationen oder einzelne, vom Unternehmen zu bündelnde Faktoren beschafft werden sollen. Dabei ist zu beachten, daß eine intensive Beschaffung von Fremdleistungen andere Konsequenzen für die Kosten- und Leistungsverrechnung hat als hohe Eigenleistungsanteile. Als Beispiel seien der auf Provision arbeitende selbständige Handelsvertreter oder ein kombiniertes Industrie-, Großhandels- und Einzelhandelsunternehmen, z. B. C & A in der Textilbranche, erwähnt.

Die vorherrschende Art der Kostenbetrachtung in der Faktorkombinationspolitik prägt auch die Modelle der Kosten- und Leistungsrechnung.

5. Die Kosten- und Leistungsrechnung als Hilfsmittel der Finanzierungspolitik im Handel

Als Ziele des Rechnungswesens werden im allgemeinen herausgestellt:

1. die außerbetriebliche Dokumentation (Jahresabschluß) – Gläubigerschutz,

2. die innerbetriebliche Dokumentation.

Die Kosten- und Leistungsrechnung dient primär dem zweiten Ziel. Dies schließt nicht aus, daß durch dieses Rechenwerk auch finanzwirtschaftliche Ziele verfolgt werden.

Finanzwirtschaftliche Ziele betreffen z. B. die Liquiditätssicherung. In diesem Bereich kann die Kosten- und Leistungsrechnung nur dann Hilfestellung leisten, wenn Auszahlungen und Einzahlungen weitgehend mit den Kosten und Erlösen identisch sind. Auch die Analyse der Konsequenzen einer Inanspruchnahme von Lieferantenkrediten im Vergleich zur Skontierung sowie die Analyse der finanzwirtschaftlichen Auswirkungen einer Gewährung von Skonti sei als Ziel erwähnt.

Bei diesen Zielen können vor allem bei den Lieferantenkrediten Kostenvergleiche gegenüber anderen Finanzierungsarten durchgeführt werden. Bei den zu gewährenden Skonti ist die Verkürzung der Einzahlungen mit den Kosten für das Inkasso im Falle eines Verzichts auf die Gewährung von Skonto zu vergleichen.

Weiter ist eine klar aufgebaute Kosten- und Leistungsrechnung auch die G r u n d - l a g e   f ü r   d i e   G e w ä h r u n g   v o n   K r e d i t e n   bzw. von Umfinanzierungen, so daß der Nachweis einer guten Steuerung eines Unternehmens indirekt zu Kapitalkostensenkungen und damit zu kostengünstigen Finanzierungsalternativen führen kann.

6. Die Kosten- und Leistungsrechnung als Hilfsmittel der Managementpolitik im Handel

a) Die Planung und die Kontrolle

Die Kosten- und Leistungsrechnung hat im Bereich des Managements bisher vor allem für die Planung und für die Kontrolle Bedeutung. Somit können als Ziele gelten:

1. die Verbesserung der Kontrolle und der Überwachung, z. B. durch die Ermöglichung interner und externer Vergleiche,

2. die Schaffung geeigneter Vorschau- und Planungsverfahren.

In Beziehung zum Faktoreinsatz sollen vor allem die Ziele der Kostenplanung und der Kostenkontrolle realisiert werden. Wichtige Ziele unter dem Aspekt des Marktes sind die Erfolgsplanung und die Erfolgskontrolle.

<u>Die Kostenrechnungspolitik beeinflußt die Kostenplanung und -kontrolle, da sie jeweils die Zuverlässigkeit der Vorausschätzungen auf der Grundlage des ausgewählten Rechenmodells festlegt. Die Signalfunktion der Kosten- und Leistungsrechnung besteht darin, die A b w e i c h u n g e n   z w i s c h e n   S o l l   u n d   I s t – ebenfalls auf der Basis des gewählten Konzepts – rechtzeitig anzugeben.</u>

Bei der Kontrolle ist zu unterscheiden, ob eine I s t - I s t - Kontrolle oder eine P l a n - I s t - Kontrolle angestrebt wird.

Die klassischen Planungsmodelle im Groß- und Einzelhandel beziehen sich nach Betrieben und Warengruppen mindestens auf

1. den Umsatz,

2. die Kosten,

3. den Bruttoertrag,

4. den Gewinn.

Darauf sind auch die Kosten- und Leistungsrechnungsmodelle ausgerichtet.

<u>Die Kostenplanung führt nicht zwangsläufig zu einer Kostensenkung; Anregungen zu kostensenkenden Maßnahmen werden erst aufgrund der A b w e i c h u n g s - a n a l y s e im Rahmen der Kostenkontrolle gewonnen.</u>

Die für die Kostenplanung erforderliche Durchleuchtung der Unternehmensbereiche kann zwar Ansatzpunkte zur Kostensenkung aufzeigen, ist jedoch durch die systematische periodenweise Kostenkontrolle zu ergänzen, die die Ermittlung der bereichsweise zu verantwortenden Wirtschaftlichkeitsabweichungen zum Gegenstand hat. Die nicht zu verantwortenden und damit auch nicht zu beeinflussenden Wirtschaftlichkeitsabweichungen führen zu einer Korrektur der Kostenplanung in der Folgeperiode.

b) Die Führung und die Organisation

Neuerdings wird die Kosten- und Leistungsrechnung auch stärker unter dem Aspekt der Führung und Organisation betrachtet. Als Ziele seien erwähnt:

1. die Förderung eines k o n s e q u e n t e n K o s t e n d e n k e n s aller Führungskräfte,

2. die Hilfe beim Einsatz bestimmter M a n a g e m e n t k o n z e p t e , z. B. Management by Exception oder Management by Objectives, wie auch Zero Defect Management,

3. die Lieferung von Unterlagen für eine e r g e b n i s a b h ä n g i g e E n t l o h - n u n g .

<u>Die Erziehung der Mitarbeiter zu einem k o n s e q u e n t e n K o s t e n d e n k e n wird vor allem durch die Ermittlung der Abweichungen zwischen Plan- und Ist-Werten, die der jeweilige Mitarbeiter zu verantworten hat, erreicht. Durch die A n a l y s e d e r K o s t e n a b w e i c h u n g e n wird auch die Angemessenheit der Entscheidungen der Führungskräfte nachprüfbar. Damit kann die Kostenrechnung auch als Instrument der Führung bezeichnet werden.</u>

Durch die Ergebnisse der Kosten- und Leistungsrechnung werden letztlich auch Informationen über die Q u a l i t ä t d e s M a r k e t i n g m a n a g e m e n t s gewonnen.

Weitere Ziele betreffen die managementrelevanten Auswirkungen der Marktpolitik, z. B. die Information über Außendienst- oder Filialleistungen und die Kontrolle und Steuerung einzelner organisatorischer Einheiten, so der Einkäufer oder der Reisenden.

Unter dem A s p e k t d e r M o t i v a t i o n ist es von Bedeutung, wie

1. die fixen Vergütungsbestandteile,

2. die variablen Vergütungsbestandteile

abgegrenzt werden. Als Motivationsfunktion der Kostenrechnungspolitik oder der Kosteninformationen ist die Art der Berechnung der variablen Vergütungsbestandteile herauszustellen.

Jede Information hat Auswirkungen auf das Verhalten des Informationsempfängers. Neuere Forschungsrichtungen beschäftigen sich aus diesem Grunde mit der Frage der V e r h a l t e n s w i r k u n g e n   d e s   R e c h n u n g s w e s e n s   und dabei vor allem auch der Kosteninformationen. Die Verhaltenswirkungen sind im konkreten Fall sanktionsabhängig, d. h. vom Verhalten der übergeordneten Stellen bestimmt. Die Verhaltensalternativen werden von der Art des Kosteninformationssystems mitbestimmt.

Die Abschätzung der durch das Rechnungswesen hervorgerufenen V e r h a l t e n s w i r k u n g e n ist im Handel von hoher Bedeutung und wird in Zukunft für die Führung und Information durch die Kosten- und Leistungsrechnung stärker als bisher eingesetzt werden.

Ein weiteres wichtiges Beispiel ist die Gestaltung der Kostenrechnung als L e i - s t u n g s a n r e i z s y s t e m . So ist es einem Unternehmen freigestellt, durch die Art des Wertansatzes bestimmter Kosten die Handelsspanne zu vergrößern. Ein weiteres Beispiel wäre die Verrechnung standardisierter Lager- und Transportkosten, die über den effektiven Kosten liegen. Durch ein derartiges Vorgehen werden klassische Kostenrechnungskonzepte beträchtlich aufgewertet.

Ein verbreiteter Fall ist im Handel der Verzicht auf eine Berücksichtigung periodischer Boni oder Rückvergütungen bei der Vorgabe von Kalkulationssätzen nach Warengruppen. Diese Bruttoertragsbestandteile werden als Block in die Quartals- oder Jahreserfolgsrechnung übernommen.

Auch bei einem vergleichbaren Leistungsprogramm gegenüber dem Kunden kann die Managementpolitik Unterschiede aufweisen. Der Grad der D e z e n t r a l i - s i e r u n g   und   Z e n t r a l i s i e r u n g der Organisation hat Auswirkungen auf die Kosten und Erlöse.

Eine grundlegende Voraussetzung für die Art der Gestaltung des Kostenrechnungssystems ist die Festlegung der E n t s c h e i d u n g s f r e i h e i t s g r a d e des jeweiligen Abteilungs- oder Bereichsleiters bzw. des jeweiligen Außendienstmitarbeiters. Man kann folgende Stufen unterscheiden:

1. Absatzpreisfreiheit, d. h. Handelsspannengestaltbarkeit,

2. Beschaffungspreisfreiheit, d. h. Marktpartnerwahl auf den Beschaffungsmärkten,

3. Faktoreinsatzfreiheit,

4. Kostenfreiheit.

Hohe Freiheitsgrade münden in das Konzept der A l s - o b - K o s t e n r e c h - n u n g , bei der so vorgegangen wird, als ob ein Mitarbeiter, z. B. der Filialleiter, selbständig wäre. Daraus folgt, daß die Kostenrechnung im Handel zunehmend auch nach V e r a n t w o r t u n g s b e r e i c h e n gestaltet wird.

So gibt es im Verbrauchermarkt häufig

1. die Abteilungsleiter mit Verantwortung für Einkauf, Verkauf, Flächeneinteilung, Lagerbestand und Verkaufsförderung in ihrer Abteilung,

2. den Ladenmanager, der für Unterhaltung und Instandhaltung aller Sachmittel zuständig ist,

3. den Personalmanager, der vor allem für den Personaleinsatz verantwortlich ist.

Die Leistungsvergütung wird bei den Warenabteilungen an den erzielten Bruttoerträgen, den direkten Kosten und der Einhaltung der Lagerlimite ausgerichtet. Bei den abteilungsübergreifenden Aktivitäten sind spezielle Standards entwickelt worden, die ein darauf ausgerichtetes Rechenwerk voraussetzen.

Die Organisation und das Rechnungswesen beeinflussen sich somit aufgrund der übergeordneten Steuerungskonzeption, in deren Rahmen der gewählte D e z e n t r a l i s a t i o n s g r a d   d e r   E n t s c h e i d u n g e n und das angestrebte Konzept der Leistungskontrolle festgelegt sind.

Der G l i e d e r u n g   d e r   E n t s c h e i d u n g s z e n t r e n im Rahmen der Organisation wird der Aufbau des Rechnungswesens angepaßt, z. B.

1. bei bestehenden Kapazitäten bzw. Betrieben
   a) nach Verrichtungsbereichen,
   b) nach Geschäftsbereichen oder Divisionen,
   c) nach Regionen, z. B. im Außenhandel;

2. bei neu zu schaffenden Kapazitäten
   a) durch die Angliederung von Kapazitäten an bestehende Betriebe ohne zusätzliche Entscheidungszentren,
   b) durch die Neuschaffung von räumlich oder sachlich verselbständigten Entscheidungszentren.

Für bestehende wie auch für neu zu schaffende Kapazitäten werden die jeweils geeigneten Steuerungskriterien aus den Teilpolitiken der Handelsprogrammebene gewonnen, auf die das Rechnungswesen auszurichten ist, z. B.:

1. die Marktpolitik → Gewinnorientierung (G e w i n n z e n t r e n),

2. die Faktoreinsatz- und Kostenpolitik → Kostenorientierung (K o s t e n z e n t r e n),

3. die Grundstrukturpolitik → Rentabilitätsorientierung (I n v e s t i t i o n s z e n t r e n),

4. die Finanzpolitik → Renditeorientierung (R e n d i t e z e n t r e n).

Bei neu zu schaffenden Kapazitäten steht das Konzept der I n v e s t i t i o n s z e n t r e n im Vordergrund. Bei bestehenden Kapazitäten wird dagegen je nach dem Aktivitätenschwerpunkt nach K o s t e n -   u n d   G e w i n n z e n t r e n gesteuert.

Langfristig werden Projekte mit höchstmöglichen Zahlungsüberschüssen gesucht, kurzfristig werden die einmal getroffenen Entscheidungen nach dem Konzept der Gewinn- und Kostenoptimierung gesteuert.

7. Die Kosten- und Leistungsrechnung als Hilfsmittel der Technologiepolitik im Handel

Jede Aktivität in einem Handelsbetrieb erfolgt mit Hilfe eines Verfahrens. Die Verfahren wiederum erfordern Faktoreinsatz und verursachen Kosten. So sind die Vorteile und Nachteile selbst kleiner Verfahrensvariationen mit oder ohne Neubündelung der Aktivitäten auf Kosten- und Leistungsinformationen angewiesen.

Die Anforderungen der Technologiepolitik an die Kosten- und Leistungsrechnung umfassen u. a.:

1. die Bereitstellung detaillierter Informationen über Kosten- und Erlöswirkungen von Verfahrensvariationen,

2. die Gewährung von Anregungen für die Verfahrensverbesserung ohne negative Erlöswirkungen,

3. die Hilfestellung bei der Umgliederung von Aktivitäten mit günstigen Kostenwirkungen.

Das Technologieproblem sei im folgenden noch durch einige Beispiele präzisiert.

Eine beachtliche Kostenreduktion haben, z. B. im Lebensmitteleinzelhandel, neue Ladenlayoutkonzepte bewirkt, insbesondere der Einsatz von Gitterboxpaletten. Diese Technologie hat nicht nur zu beachtlichen Personalkostensenkungen im Laden, sondern auch beim Transport und beim Kommissionieren in Zentrallagern bewirkt.

Ein weiteres interessantes Beispiel der Verfahrensänderung ist der Teilzeiteinsatz von Hausfrauen zur Regalpflege in Supermärkten und in Verbrauchermärkten. Dadurch wurde eine kostengünstige Alternative zur Regalpflege gefunden, die vorher von Außendienstmitarbeitern der Industrie wahrgenommen wurde.

IV. Die Ziele der Kosten- und Leistungsrechnung für mehrere Unternehmen

1. Der Gegenstand

Bei den bisherigen Erörterungen der Kosten- und Leistungsrechnung wurde davon ausgegangen, daß sich die Rechnungsaufgaben auf ein Unternehmen oder ein Unternehmenssystem mit einheitlicher betrieblicher Willensbildung beschränken.

Nun gibt es im Handel jedoch zwei wichtige Problemstrukturen, die diese Betrachtungsweise sprengen:

1. die Kosten- und Leistungsrechnung für V e r b u n d g r u p p e n , d. s. vor allem Einkaufsgemeinschaften, freiwillige Ketten und Franchising-Systeme,

2. die Kosten- und Leistungsrechnung für H a n d e l s k e t t e n - o d e r A b - s a t z w e g e s y s t e m e , d. h. für alle Marktpartner, im Extremfall zwischen Urproduktion und letzter Verwendung.

Im Vergleich zu den Unternehmenssystemen mit mehreren Betrieben unter einheitlicher Leitung ergibt sich für die beiden genannten Fälle ein fundamentaler Unterschied:

Die Ziele der einbezogenen Entscheidungseinheiten – hier die Unternehmer der angeschlossenen Betriebe – sind im Falle der Verbundgruppen und der sonstigen vertraglichen Beziehungen zwischen selbständigen Marktpartnern nur bedingt harmonisiert. Eine kooperative Kosten- und Leistungsrechnung hat somit eigenständige Ziele.

Im Falle von V e r b u n d g r u p p e n geht es primär um die Auffindung eines bestmöglichen Kompromisses bei der Gestaltung der Leistungen zwischen Verbundgruppenzentrale und Mitglied und damit auch um die Optimierung der Leistungsverrechnung sowie um die Gewinnverteilung zwischen Zentrale und Mitglied.

Bei der Betrachtung von M a r k t p a r t n e r n mit schwächeren vertraglichen Bindungen wird – wie auch bei den Verbundgruppen – angestrebt, durch ein geeignetes Kosten- und Leistungsrechnungssystem Wirkungen folgender Art zu erzielen:

1. durch gemeinsame Aktivitäten bzw. durch Zuordnung bestimmter Aktivitäten auf einen Marktpartner die Marktwirkungen zu verbessern, d. h., bei gleichem Faktoreinsatz b e s s e r e   E r l ö s e zu erzielen,

2. durch Umgliederung von Aktivitäten die K o s t e n   z u   s e n k e n.

Bei der Ergebnis- und Kostenrechnung für A b s a t z s y s t e m e werden die direkten und indirekten Abnehmer in die Betrachtung einbezogen. Dadurch entsteht ein Überblick über die Handelsspannen und Kosten der Institutionen, die beim Absatz eingeschaltet sind. Dieses Konzept fand ursprünglich bei der retrograden Kalkulation der Markenartikelhersteller Anwendung und ermöglichte die Beurteilung einer Veränderung der Absatzwege.

Zur Zeit sind Systeme der überbetrieblichen Kosten- und Leistungsrechnung in Entwicklung, die eine leistungs- und marketingspezifische Konditionenpolitik zwischen Industrie und Handel und zwischen Groß- und Einzelhandel ermöglichen.

2. Zur Leistungsverrechnung bei Verbundgruppen

Bei Verbundgruppen können die Kosten nach Teilleistungsprogrammen verrechnet werden; vereinfacht lassen sich nennen:

1. die warenbezogenen Leistungen,

2. die selbständigen Dienstleistungen,

3. die Finanzleistungen.

Im Rahmen der Leistungsverrechnung zwischen Verbundgruppenmitglied und Zentrale werden solche Leistungen und die entsprechenden Kosten bisher meist undifferenziert erfaßt.

Eine sorgfältige Abgrenzung der w a r e n b e z o g e n e n   L e i s t u n g e n und Kosten im Rahmen einer Einkaufsgemeinschaft oder einer freiwilligen Kette würde bedeuten, daß die Warenpreisstellung zwischen Zentrale und Mitglied so gewählt wird, daß nicht mehr als die warenbezogenen Transport- und Dispositionsleistungen im Preis enthalten sind. Auf diese Weise ist sichergestellt, daß gleicherweise große wie kleine Kunden bedient werden können und daß u. U. auch große bisher nicht von der Verbundgruppe belieferte Abnehmer sich aufgrund der leistungsorientierten Warenpreise für eine Mitgliedschaft in der Verbundgruppe interessieren.

Unabhängig von der warenbezogenen Preisstellung werden s e l b s t ä n d i g e D i e n s t l e i s t u n g e n mit getrennter Preisstellung angeboten, z. B. für Ladenbau, Sortimentsberatung, Steuerberatung, Buchhaltungsberatung, Werbeberatung u. a. Man kann warenbezogene Aktivitäten und selbständige Dienstleistungsaktivitäten auch durch rechtlich selbständige Unternehmen anbieten, die von der Verbundgruppe als getrennte Gewinn- und Ertragszentren betrachtet werden. Dabei muß man sich darüber im klaren sein, ob die warenbezogenen Aktivitäten gewinnorientiert und die selbständigen Dienstleistungsaktivitäten z. B. kostendeckungsorientiert oder auch gewinnorientiert betrieben werden sollen.

Der dritte Bereich sind die F i n a n z l e i s t u n g e n . Auch die Möglichkeit der Abnehmer, Kredite aufzunehmen oder der Verbundzentrale Darlehen zu gewähren, sollte als Finanzierungsgeschäft mit den Abnehmern unabhängig vom Warengeschäft betrachtet werden. Finanzleistungen, d. h. Kreditgabe und Darlehensnahme, können auch auf eine eigenständige Bankabteilung ausgegliedert werden.

In Verbundgruppen wurden bisher für einzelne Kunden globale Überschüsse, z. B. Deckungsbeiträge, ermittelt. Die Deckungsbeiträge aus dem Warenprogramm werden meist durch durchschnittliche, nicht kundenspezifisch berechnete Dienstleistungen gemindert. Die Zinserträge von kreditgebenden Kunden werden bei diesem Konzept ebenfalls nicht kundenspezifisch behandelt.

Wenn man das Geldgeschäft, das Warengeschäft und das Dienstleistungsgeschäft sorgfältig voneinander trennt, wird die K o s t e n - u n d L e i s t u n g s r e c h n u n g im Hinblick auf die einzelnen Kunden a u f m e h r e r e D i m e n s i o n e n a u f g e f ä c h e r t . Man ermittelt für jeden Kunden die Programmbereiche, in denen er für die Verbundgruppe Deckungsbeiträge liefert.

Darauf beruhen neue Konzepte der Leistungsverrechnung im Rahmen der Kooperationspolitik, die die Beziehungen zwischen Hersteller und Großhandel einerseits und zwischen Großhandel und Einzelhandel andererseits kundenspezifisch erfassen[14]).

3. Ein Beispiel für Absatzwegesysteme

Als Beispiel sei ein Projekt in den USA erwähnt, den Warenfluß für landwirtschaftliche Produkte vom Urproduzenten bis zum Konsumenten zu rationalisieren[15]). Die A. J. Kearney & Company, Inc., hat in einer umfassenden Studie für Agrarprodukte überprüft, durch welche Verfahren bei welchen in die Handelskette oder in den

---

14) Vgl. zu den vielfältigen Alternativen der Kooperationsmöglichkeiten Tietz, Bruno: Der Weg zur Totalen Kooperation, in: FfH-Mitteilungen, 8. Jg., 1967, H. 8/9, S. 1–5; H. 10, S. 1–5; H. 11, S. 1–4.

15) Vgl. Tietz, Bruno: Die Grundlagen des Marketing, 1. Bd.: Die Marketing-Methoden, 2. Aufl., München 1975, S. 689–709.

Absatzweg eingeschalteten Institutionen welche physischen Aktivitäten wie Verpacken, Auszeichnen oder Transport am rationellsten, genauer am kostengünstigsten, erledigt werden können[16]. Die Grundüberlegung dieser Untersuchung bestand darin, bei gegebener Ausbringung für das Gesamtsystem, d. h. bei regional und warengruppenmäßig bekannter Nachfrage, durch Verfahrensänderungen die Kosten für die Erledigung der Warenprozeßleistungen zu senken. So wurde untersucht, ob die Auszeichnung von Lebensmitteln zweckmäßigerweise bereits auf dem Feld bei der Ernte, im Großhandelslager oder im Supermarkt erfolgt. Die fundamentale Prämisse dieser Überlegungen ist die Variabilität der Kosten für die untersuchten Aktivitäten. Der Denkansatz, die Gliederung der Aktivitäten auf die Betriebe in der Handelskette vorzunehmen, die dazu am kostengünstigsten in der Lage sind, ist zweckmäßig. Dieses Beispiel zeigt nicht zuletzt die hohen Anforderungen an die Informationen aus dem Rechnungswesen, vor allem an die Kosteninformationen für alle in eine Handelskette eingeschalteten Betriebe.

In die Betrachtung wurden für Salat, Orangen, bestimmte Obstkonserven und frisches Rindfleisch sämtliche Transport-, Lager- und Manipulationskosten einbezogen, die anfallen

— bei Produzenten und Spediteuren,

— bei Manipulanten und Packern,

— bei Lebensmittelverteilern

    — in Großhandelszentralen,

    — in Einzelhandlungen.

Die Untersuchung erstreckte sich somit über die gesamte Handelskette zwischen Produzent und Einzelhandel.

Wie jede Untersuchung über Warenprozesse, so hatte auch diese Analyse der A. J. Kearney & Company, Inc., insbesondere mit folgenden Schwierigkeiten zu kämpfen:

1. Die betrieblichen Unterlagen über den derzeitigen Zustand der Warenprozesse und damit auch über die Warenprozeßkosten sind unvollständig.

2. Die Warenprozesse können sich durch Außeneinflüsse rasch ändern.

3. Die Warenprozeßkosten unterliegen sowohl bei Beibehaltung der bisherigen Prozesse, z. B. durch Tarifänderungen, als auch infolge technischer Neuerungen Wandlungen.

Daraus ergeben sich zwei Gruppen von Rationalisierungsvorschlägen:

1. kurzfristige Verbesserungsmöglichkeiten, die von den derzeitigen Gegebenheiten ausgehen,

2. langfristige Verbesserungsmöglichkeiten, die technische Neuerungen oder Tarifveränderungen antizipieren.

---

16) Vgl. Kearney & Company, Inc.; National Association of Food Chains (Hrsg.): The Search for a Thousand Million Dollars, Cost Reduction Opportunities in the Transportation and Distribution of Grocery Products, 1966.

Diese Hinweise zeigen einige Probleme der Kosten- und Leistungsrechnung bei überbetrieblichen Analysen.

V. Die Konsequenzen der Zieldiskussion für die Kostenrechnungsmodelle

In der betriebswirtschaftlichen Theorie werden die dargestellten Betrachtungsebenen oft isoliert behandelt; allenfalls werden bestimmte Rückwirkungen zwischen zwei Ebenen, z. B. des Managements auf die Kostenpolitik, analysiert. Dagegen sind die Informationsmodelle, vor allem die Kostenrechnungsmodelle der Praxis, von den Ansprüchen der Unternehmensleitung her umfassender. In der Praxis soll die Kosten- und Leistungsrechnung Aufgaben in allen herausgestellten Teilbereichen erfüllen.

Zwar werden auf der einen Seite Antworten auf vielfältige Fragen angestrebt, auf der anderen Seite aber zwingt der Trend zur Vereinfachung zu zahlreichen Kompromissen. Die Kosten- und Leistungsrechnung ist in der Praxis oft das alleinige oder das wichtigste Hilfsmittel zur Darstellung des unternehmerischen Entscheidungs- und Steuerungsmodells.

Da der Abstraktionsgrad der betriebswirtschaftlichen Modelltheorie oft dadurch gekennzeichnet ist, daß

1. nicht oder nicht nur von der Praxis als relevant angesehene Merkmale einbezogen werden,

2. die relevanten Merkmale zwar berücksichtigt werden, aber nicht problemlos erfaßt werden können,

liegt der Ausweg in der Entwicklung eher r u d i m e n t ä r e r S t e u e r u n g s -
m o d e l l e. Die Mängel dieser Modelle im Hinblick auf ihre theoretische Geschlossenheit werden oft durch F l e x i b i l i t ä t und P r a k t i k a b i l i t ä t substituiert. Ein geeigneter Grad von praktischer Modelleffizienz kann ihnen trotz theoretischen Unbehagens nicht abgesprochen werden.

Die Konventionen über

1. die zu verfolgenden Ziele,

2. die Maßstäbe zur Messung der Ziele,

3. die Maßstabsprioritäten,

4. die möglichen Reaktionen auf Abweichungen,

5. die Prioritäten der Reaktionen,

6. die Beurteilung der Reaktionswirkungen

weichen von Unternehmen zu Unternehmen voneinander ab.

Für die Kosten- und Leistungsrechnung sind mindestens z w e i w i c h t i g e
S e n s i b i l i s i e r u n g s p r o z e s s e erforderlich:

1. die Sensibilisierung für die aus den Eigenheiten der Leistungsprozesse in Marketing und Handel folgenden Eigenheiten der Kosten- und Leistungsrechnungsmodelle,

2. die Sensibilisierung für die konkret mit einem Kosten- und Leistungsrechnungsmodell verfolgten und verfolgbaren Ziele.

Die effektiv eingesetzten Modelle beruhen auf v i e l f ä l t i g e n V e r g r ö b e r u n g e n.

So werden die V e r b u n d e f f e k t e v e r n a c h l ä s s i g t. Dieser Fehler mag sich dann nicht gravierend auswirken, wenn beim zeitlichen Verbund von Periode zu Periode etwa gleiche Übertragungseffekte auftreten und wenn auch beim Sortiments- oder Instrumentalverbund durch zeitstabile Strategien im Zeitablauf in etwa gleiche Wirkungen zu berücksichtigen wären.

Hinsichtlich der Ziele der Kosten- und Leistungsrechnung bestehen bisher ebenfalls beträchtliche Vergröberungen. Dies ergibt sich bereits aus den klassischen Definitionen der Kostenrechnungszwecke, die auf die speziellen unternehmenspolitischen Anforderungen nicht hinweisen. Da jedes Unternehmen der Kosten- und Leistungsrechnung einen anderen Stellenwert bei der Lösung unternehmenspolitischer Probleme einräumt, können Z i e l k a t a l o g e[17] einen Ausgangspunkt zur Gestaltung der Kosten- und Leistungsrechnungsmodelle darstellen.

Bei den Produktionsprozessen der Industrie kann auf die Beschäftigung mit solchen Fragen verzichtet werden, da für alternative – wenn auch enge, rein faktorkombinationsgerichtete – Zielvorstellungen weitgehend standardisierte Modelltypen vorliegen.

Die mit der Kosten- und Leistungsrechnung verfolgten Ziele ändern sich im Zeitablauf. Sie sind situativ und sequentiell unterschiedlich. So werden in expandierenden Märkten bei der Kosten- und Leistungsrechnung marktorientierte Ziele im Vordergrund stehen. Bei ausgeschöpften Märkten und bei Sättigungstendenzen treten dagegen Faktorziele und Ausgestaltungen der Kostenrechnung in Richtung auf die Kostenminimierung in den Vordergrund.

Man benötigt daher im Handel m e h r e r e K o s t e n i n f o r m a t i o n s m o d e l l e, um den vielfältigen und sich im Zeitablauf wandelnden Fragestellungen Rechnung tragen zu können.

VI. Die Instrumente

1. Die Abgrenzungen

Als Instrumente der Ergebnis- und Kostenrechnung können a l l e G l i e d e r u n g s - u n d D i f f e r e n z i e r u n g s k r i t e r i e n für Kosten und Erlöse bezeichnet werden. Durch die Kombination dieser Instrumente ergeben sich dann die K o s t e n r e c h n u n g s s t r a t e g i e n oder Kostenrechnungsmodelle.

---

17) Vgl. Layer, Manfred: Die Kostenrechnung als Instrument der Unternehmensleitung, in: Jacob, Herbert (Hrsg.): Neuere Entwicklungen in der Kostenrechnung (I), Schriften zur Unternehmensführung, Bd. 21, Wiesbaden 1976, S. 97–138, hier S. 102.

Als Beispiele für wichtige Instrumente seien erwähnt:

1. die kategoriale sachliche Abgrenzung:
   a) die Projektrechnung,
   b) die Periodenrechnung;
2. die externe oder interne Grundausrichtung:
   a) die externe Rechnung,
   b) die interne Rechnung;
3. die Wahl der Abrechnungsperiode:
   a) die Mehrjahresrechnung,
   b) die Jahresrechnung,
   c) die unterjährliche Rechnung;
4. die zeitliche Abgrenzung;
5. die Betriebsbezogenheit der Rechnung, z. B.:
   a) die betriebsbezogene Rechnung,
   b) die außerordentliche Rechnung,
   c) die neutrale Rechnung;
6. die kategorialen Strom- und Bestandsgrößen:
   a) die Kategorien Mengen und Werte,
   b) die Kategorien Aufträge, Güter, Zahlungen;
7. die Ist- und die Soll-Orientierung der Größen;
8. die Differenzierung der Kosten nach Kostentypen:
   a) Kostenarten,
   b) Kostenstellen,
   c) Kostenträger;
9. die Kostenbewertung;
10. die Verfahren der Kostenzuordnung auf Kostenstellen;
11. die Verfahren der Kostenzuordnung auf Kostenträger:
    a) die Vollkostenrechnung,
    b) die Teilkostenrechnung;
12. die Differenzierung nach Erfolgstypen:
    a) Erfolgsarten,
    b) Erfolgsstellen,
    c) Erfolgsträger;
13. die Erfolgsbewertung;
14. die Verfahren der Erfolgszuordnung auf Erfolgsstellen;
15. die Verfahren der Erfolgszuordnung auf Erfolgsträger.

Man wird diese Instrumente bei speziellen Kosten- und Leistungsrechnungsanliegen u. U. noch weiter differenzieren.

2. Die Projektrechnung und die Periodenrechnung

In Handelsbetrieben ist die Erweiterung, die Umstrukturierung, die Verkleinerung, die Neuerrichtung oder Schließung von Kapazitäten so häufig, daß die Projektrechnung, die meist als Investitionsrechnung konzipiert ist, und die Periodenrechnung parallel durchgeführt werden müssen.

Jedes Projekt der Investition oder Desinvestition wirkt sich auch auf die periodische Kosten- und Leistungsrechnung aus, und in der periodischen Kosten- und Leistungsrechnung sind die Routineabteilungen und Projektabteilungen enthalten.

Die Perioden- und die Projektrechnung ergänzen sich. Die P e r i o d e n r e c h - n u n g bezieht sich auf Betriebe oder Abteilungen und orientiert sich an üblichen m o n a t l i c h e n oder j ä h r l i c h e n Abgrenzungsintervallen. Die P r o j e k t - r e c h n u n g versucht dagegen, für alle Perioden der Wirkung eines Projektes die Vorteilhaftigkeit einer komplexen Handelsprogrammentscheidung zu fixieren. Sie ist somit l a n g f r i s t i g und auf größere Vorhaben ausgerichtet.

Anzuregen ist eine klare Trennung von Projektgeschäft und Routinegeschäft. Durch geeignete Verfahren der Kostenrechnung müssen sich expansive Handelsunternehmen ständig verdeutlichen,

1. welche Kosten die Aufrechterhaltung des laufenden Geschäfts erfordert,

2. welche Kosten in bestimmten zentralen Abteilungen die in die Zukunft gerichteten Investitionen erfordern.

Eine genaue Kostenkontrolle und eine Erlös- bzw. Gewinnbeurteilung im Zeitablauf ist bei schwankenden Kosten für Projekte nur durch eine sorgfältige Trennung zwischen Projekt- und Periodenrechnung möglich.

3. Die externe Rechnung und die interne Rechnung

Im Handel beschränkt man sich vielfach noch auf das extern orientierte Rechnungswesen. Das intern ausgerichtete Rechnungswesen ist oft nur wenig entwickelt.

Die e x t e r n o r i e n t i e r t e F i n a n z b u c h h a l t u n g hat folgende Aufgaben:

1. die Erfassung der buchhalterisch integrierten wertmäßigen Geschäftsvorfälle in sachlicher und chronologischer Ordnung,

2. die Ermittlung von Gewinnen oder Verlusten nach gesetzlich vorgeschriebenen Abgrenzungskriterien,

3. die Ermittlung von Beständen nach gesetzlich fixierten Abgrenzungskriterien.

Die intern ausgerichtete Ergebnis- und Kostenrechnung soll dagegen vor allem die Steuerung des Unternehmens erleichtern. Teilweise stützt sich auch die interne Rechnung im Handel voll auf die Größen der externen Rechnung.

Allgemein durchgesetzt haben sich im Handel die Ansätze der kurzfristigen Erfolgsrechnung, die teilweise jedoch selbst in großen Betrieben des Handels nicht auf Leistungen minus Kosten beruhen, sondern bei denen man sich auf Zahlungsüberschußermittlungen als Differenz zwischen Einzahlungen und Auszahlungen beschränkt. Dies ist nur dann nicht abwegig, wenn ausschließlich Barverkäufe getätigt werden, keine Lieferantenkredite in Anspruch genommen werden bzw. deren Höhe unverändert bleibt, die Kosten periodengerecht zu Auszahlungen werden und kalkulatorische Kosten nicht anfallen oder vernachlässigt werden können. Eine weitere wichtige Voraussetzung sind stabile Lagerbestände bzw. Lagerumschlagsgeschwindigkeiten.

Festzuhalten bleibt, daß es in Handelsbetrieben teilweise rein liquiditätsorientierte Steuerungskonzepte gibt, bei denen die Bewegung auf den Bankkonten die relevante Entscheidungsgrundlage darstellt.

4. Die Wahl der Abrechnungsperiode

Üblich sind bei der Wahl der Abrechnungsperiode Jahresrechnungen und unterjährliche Rechnungen. Letztere werden auch als kurzfristige Erfolgsrechnung bezeichnet. Außerdem kann man die bisher wenig verbreiteten Mehrjahresrechnungen erwähnen.

Im allgemeinen ist für die kurzfristige Erfolgsrechnung der Monat die Abgrenzungsperiode. Als Beispiel für einen im Handel davon abweichenden Zeitraum sei die „Saison" erwähnt, z. B. im Textilhandel mit saisonalen Sortimenten und saisonalen Umsatzentwicklungen. Die einzelnen Monate sind wegen der beweglichen Feste mit ihrer unterschiedlichen Zahl von Feiertagen nicht vergleichbar. Da die Zahl der monatlichen Werktage, an denen die Konsumenten ihren Bedarf decken können, schwankt, bieten sich für den Zeitvergleich durchschnittliche Tagesumsätze oder die Umsätze der gleichen Wochentage eines Monats sowie auf Tertiale kumulierte Werte an. Neben der monatlichen Abgrenzung können zusätzlich andere Zeiträume gewählt werden, so die Schlußverkaufsperioden, die Oster-, Pfingst- oder Weihnachtswoche.

Die Wahl kurzfristiger Abrechnungsperioden hängt somit von den Marktgegebenheiten ab.

5. Die zeitliche Abgrenzung

Ein wichtiges Problem stellt die zeitliche Abgrenzung der Kosten- und Erlösgrößen dar. Dabei wird im Handel eher großzügig vorgegangen.

Die kosten- und ertragsmäßige periodengerechte A b g r e n z u n g   d e r   Z w i -
s c h e n l e i s t u n g e n , z. B. der Halb- und Fertigfabrikate in der Industrie, hat
im Handel keine Parallele[18]). Dennoch werden handelsbetriebliche Zwischen-
leistungen für nicht am Markt veräußerte Waren erbracht, so Beschaffungs-, Lage-
rungs-, Manipulations- und bestimmte Absatzleistungen. Wegen des immateriellen
Charakters dieser Leistungen werden im allgemeinen nur die materiellen Waren-
werte als Einkaufswert oder Einstandswert, nicht jedoch die anderen mit der Ware
in Verbindung stehenden Leistungen in die Lagerbestandsveränderungen übernommen[19]). Da alle Kosten der betrieblichen Teilleistungen auf die in der Periode
abgesetzten Waren bezogen werden, beziehen sich die Erfolgskomponenten bei
Bestandsveränderungen nicht mehr auf die gleichen Leistungen. Den veräußerten
Waren werden bei Lagerbestandsabnahme entweder zu viel oder bei Lager-
bestandszunahme zu wenig Kosten verrechnet. Dadurch wird das Betriebsergebnis
zu hoch oder zu niedrig ausgewiesen[19]).

Die   s a i s o n a l e   A b s e t z b a r k e i t   v o n   W a r e n   ist ein weiteres wichtiges Problem der zeitlichen Abgrenzung. So sind im Textilhandel bis zu 80 %
Saisonwaren; sogar in Verbrauchermärkten, so bei Carrefour, wird davon berichtet, daß über 60 % der Textilien als Saisonwaren gelten.

Hier ergeben sich nach Ablauf der Saison wichtige Probleme der Bestandsrechnung. Außerhalb der Saison stellen bestimmte Waren „tote", d. h. u n v e r k ä u f -
l i c h e   B e s t ä n d e   dar. Werden diese Bestände in der Bestandsrechnung be-
lassen, so mindern sie die Einkaufslimite für Waren der nächsten Saison. Zur
Beurteilung der verkaufswirksamen Bestände und der verkaufswirksamen Lager-
umschlagsgeschwindigkeit können solche Waren in A u f f a n g b e s t ä n d e ausgegliedert werden. Andernfalls besteht die Gefahr, daß überhöhte Einkäufe einer
Saison bei Festlegung allgemeiner Limite die Einkaufsmöglichkeiten für die Folge-
saison so stark beschränken, daß keine kundenadäquaten Sortimente zustande
kommen.

Als weiteres Problem der Kostenrechnung des Handels ist die V a l u t i e r u n g
herauszustellen. Heute gelieferte Waren werden erst in einigen Monaten in Rechnung gestellt. Sie werden jedoch u. U. bereits in der Zeit zwischen Lieferung und
Berechnung verkauft.

Weitere   Periodisierungsprobleme   betreffen   die   a k t i v e n   V e r k a u f s -
k o s t e n , vor allem die Werbekosten, deren Erfolgswirkungen von zeitlichen
Übertragungseffekten überlagert werden und die daher nicht zugeordnet werden
können. Zusätzlich sind die Probleme der Quantifizierung derartiger Erfolgswirkungen zu beachten.

Bei Entlassungen oder Neueinstellungen von P e r s o n a l entstehen Kosten, die
für Perioden gezahlt werden müssen, in denen nicht geleistet wird. Hier tauchen
ebenfalls Periodisierungsprobleme auf, die im Handel teilweise durch die hohe

---

18) Nähere Erläuterungen zum Problem der Bewertung der Lagerbestandsveränderungen bei Kilger, Wolfgang:
Kurzfristige Erfolgsrechnung, Wiesbaden 1962, S. 14–16.

19) Vgl. Hecker, Wulf: Kurzfristige Erfolgsrechnung im Einzelhandel, Stuttgart 1968, S. 47–50.

Fluktuation aufgrund einer überdurchschnittlichen weiblichen Beschäftigung gravierender sind als in der Industrie.

Für die Zuverlässigkeit der Kostenrechnung stellt die richtige Periodisierung ein zentrales Problem dar. Als Hilfe zur Überwindung von Ungenauigkeiten erweist sich im Handel die Kumulierung von kurzfristigen Ergebnissen. Dabei gibt es einmal eine geschäftsorientierte Kumulierung, die mit Beginn eines jeden Geschäftsjahres neu begonnen wird. Seltener ist die rollierende Kumulierung, bei der Dreimonats-, Halbjahres- oder Jahreswerte in jedem Monat durch Weglassen des in der jeweiligen Periode zeitlich am weitesten zurückliegenden Monats gebildet werden.

6. Die Betriebsbezogenheit der Rechnung

Die kategoriale sachliche Abgrenzung der Strom- und Bestandsgrößen bezieht sich auf die Handelsprogrammpolitik. Danach werden unterschieden:

1. die betriebsbezogenen Größen,

2. die außerbetrieblichen Größen,

3. die neutralen Größen.

Der betriebliche Aufwand unterscheidet sich vom Aufwand der Unternehmung durch die neutralen Aufwendungen, d. s. die betriebsfremden und außerordentlichen Aufwendungen, die im Laufe einer Periode zwar anfallen, jedoch nicht mit dem Betriebszweck in Beziehung stehen.

Da der Betriebszweck durch das Unternehmen selbst definiert wird, können bestimmte Aufwendungen in einem Betrieb als neutral bezeichnet werden, in einem anderen dagegen nicht, so daß sie dort den Kosten zugerechnet werden.

Ob eine unternehmerische Tätigkeit betriebsfremd ist oder nicht, hängt von dem selbstgesetzten Unternehmenszweck ab. Wenn ein Handelsbetrieb Mieten aus eigenen Grundstücken einnimmt oder Erträge aus der Einlagerung fremder Waren erzielt, so kann diese Tätigkeit sowohl als betrieblich im Sinne eines Teilbetriebes wie auch als neutral im Sinne von betriebsfremd definiert werden.

Der Erfolg eines Unternehmens während einer Periode setzt sich somit aus dem Betriebserfolg und dem neutralen Erfolg zusammen. Die kurzfristige Erfolgsrechnung beschränkt sich in der Regel auf den Betriebserfolg.

Für periodische und zwischenbetriebliche Kosten- und Erlösvergleiche ist eine einheitliche Behandlung betrieblicher und betriebsfremder Bereiche unerläßlich.

Ein weiteres Problem bildet die Trennung der Kosten und Erlöse durch Betriebsspaltungen.

Dies wird deutlich bei einem Unternehmen, das Betriebsgesellschaft und Grundstücksgesellschaft rechtlich trennt. In diesem Fall erhält die Grundstücksgesellschaft

Mieten von der Betriebsgesellschaft. Der Erfolg wird somit aufgespalten in einen Grundstückserfolg und einen Betriebserfolg. Durch die Art der Festlegung der Mieten können in solchen Fällen die Kosten stärker dem einen oder dem anderen Bereich zugerechnet werden. Diese Überlegungen wären in diesem Zusammenhang ohne Auswirkungen auf die Kosten irrelevant.

Hinsichtlich dieses Problems haben sich im übrigen auch unterschiedliche Usancen entwickelt. In Lebensmittelfilialunternehmen, teils auch in Nichtlebensmittelfilialunternehmen, sind die Grundstücke und Gebäude der Filialen – seltener auch der Zentrale – meist den Bilanzen der Betriebsgesellschaft angegliedert. Bei den Warenhausgesellschaften gehören dagegen im allgemeinen alle Grundstücke und Gebäude unmittelbar zum Unternehmen. Während bei Filialunternehmen eine Steuerung der Gewinne zwischen Betriebs- und Grundstücksgesellschaften möglich ist, sind die Grundstückserträge in den Warenhausunternehmen im Gesamtgewinn des Unternehmens enthalten. Der Zwang zur Zahlung marktgerechter Mieten würde bestimmte Unternehmen heute teilweise vor beträchtliche Probleme stellen. Die Art der Trennung von Betriebs- und Grundstücksrechnung kann somit auch Konsequenzen auf die Investitionspolitik haben.

Außerdem sei darauf hingewiesen, daß nicht nur die Bilanzkennzahlen, sondern auch die Kostenkennzahlen durch die Art der Spaltung von Betrieben beeinflußt werden. Bei Vergleichen hat man somit stets auch die Art der rechtlichen Gliederung von Unternehmen zu berücksichtigen. Ebenso ist von Einfluß, ob die einzelnen Unternehmen eines Konzerns als rechtlich selbständige Einheiten geführt werden oder nicht.

7. Die kategorialen Strom- und Bestandsgrößen

Man kann mit Hilfe des Rechnungswesens drei Ströme erfassen, die unmittelbar auf die betriebliche Leistungserstellung bzw. Leistungsverwertung bezogen sind:

– den Güterstrom,

– den Geldstrom (meist Zahlungsstrom),

– den Dispositionsstrom.

Diese Ströme führen zu Beständen, d. s. Güterbestände, Finanzbestände, Dispositionsbestände.

Als D i s p o s i t i o n s s t r o m gelten hier ausschließlich die Marktdispositionen, d. h. die auf den Absatz- und auf den Beschaffungsmarkt gerichteten Dispositionen über die im Betrieb einzusetzenden Faktoren und über die den Betrieb verlassenden Leistungen, so Bestellungen bei Lieferanten und Aufträge von Kunden. Gütermäßig bestehen zu den Dispositionen folgende Entsprechungen: Dem Auftragsausgang (= Bestellung) folgt ein Gütereingang, und dem Auftragseingang (= Auftrag) folgt ein Güterausgang.

Gerade in Marketing und Handel ist die Erfassung der Dispositionsströme, die im klassischen System der doppelten Buchhaltung nicht integriert sind, zur Unternehmenssteuerung unerläßlich.

Die Bestellungen von Waren bilden die Grundlage der Dispositionen und der daran anschließenden Limitrechnung[20]. Die Aufträge sind in einigen Branchen, so im Möbelhandel, die Grundlage für Dispositionen. Die genaue belegmäßige Erfassung der Auftragsbewegungen erleichtert nicht zuletzt die Steuerung der Warenein- und -ausgänge und eine kostengünstige Bewältigung der Aufgaben der physischen Distribution. Bei rasch lieferbaren Waren oder bei Branchen mit schnellem Warenumschlag treten die erwähnten Differenzierungen der Stromgrößen an Bedeutung zurück.

In diesem Zusammenhang ergeben sich beachtliche Probleme der Kostenverrechnung. Dazu nur ein Beispiel: Sollen Provisionen gezahlt werden bei der Bestellung eines Kunden, bei der Lieferung der Ware, bei der Fakturierung, d. h. bei der Entstehung des Umsatzes, oder bei der Zahlung durch den Kunden? Diese Unterschiede sind vor allem im Investitionsgütergroßhandel erheblich.

8. Die Ist- und Soll-Orientierung der Größen

Die Kosten- und Leistungsrechnung kann als Ist-Rechnung mit Ist-Größen oder als Soll-Rechnung mit Soll-Größen in Form von Normalgrößen oder Plangrößen gestaltet werden. Die Kostenrechnungssysteme unterscheiden sich entsprechend durch die Bewertung und Aufgliederung des effektiven Güterverzehrs sowie durch die daraus hervorgehende Aussagefähigkeit der Rechnungsergebnisse[21]. Im allgemeinen unterscheidet man:

1. die Ist-Kostenrechnung,

2. die Normalkostenrechnung,

3. die Plankostenrechnung.

Die Normal- und Plankostenrechnungssysteme haben in Marketing und Handel weniger Verbreitung als in der Industrie.

Aber nur durch den Ansatz von Standard- oder Planwerten oder durch die Definition von Ist-Werten der Vergangenheit als Planwerte für die Zukunft wird eine Ermittlung von Abweichungen möglich.

In Marketing und Handel bezieht sich die Standardisierung nicht nur auf Kosten und auf Faktoreinsatzmengen, sondern auch auf Ausbringungs- und Erlösgrößen. So sollte man auch eher nur von einer Normal- und Planrechnung ohne Beschränkung auf Kostengrößen sprechen.

---

20) Vgl. Tietz, Bruno: Limitrechnung im Handel, in: Tietz, Bruno (Hrsg.): Handwörterbuch der Absatzwirtschaft, Stuttgart 1974, Sp. 1198–1204.

21) Vgl. dazu vor allem Kilger, Wolfgang: Flexible Plankostenrechnung, 5. Aufl., Köln - Opladen 1972, S. 27–124; vgl. weiter Nowak, Paul: Kostenrechnungssysteme in der Industrie, 2. Aufl., Köln - Opladen 1961, S. 127.

Im Handel können u.a. A b w e i c h u n g e n der folgenden Art ermittelt werden:

1. die Wareneinsatzmengenabweichungen, z. B. überdurchschnittliche Schwund-
raten,

2. die Wareneinsatzpreisabweichungen,

3. die Personalzeitabweichungen,

4. die sonstigen Faktormengenabweichungen,

5. die Faktorpreisabweichungen

   a) für fremdbezogene Faktoren,

   b) für innerbetrieblich erstellte Faktoren,

6. die Absatzmengenabweichungen, hilfsweise die Umsatzabweichungen,

7. die Absatzpreisabweichungen.

Oft werden diese Abweichungen jedoch nur vergröbert erfaßt. Ein Beispiel für eine komplexe Abweichung in der I n d u s t r i e sind die V e r f a h r e n s a b w e i - c h u n g e n ; im H a n d e l hat die B r u t t o e r t r a g s a b w e i c h u n g eine weite Verbreitung.

Es sei darauf hingewiesen, daß man auch noch andere Abweichungen herausstel- len kann. Im Handel haben z. B. auch Bedeutung:

1. die Qualitätsabweichung durch angebots- oder nachfragebedingte Qualitäts-
veränderungen,

2. die Verpackungsmengenabweichung, die beachtliche Konsequenzen für die
Produktivität hat,

3. die Lot-Bündelungsabweichung, das ist z. B. der nur gemeinsame Verkauf mehrerer Waren im Sinne der Optionsfixierung, z. B. nach Größen und Farben
sortierte Bekleidung.

Bei einer stärkeren Anbindung an die Absatztheorie wären weiter u. a. noch zu erfassen:

1. die Sortimentsabweichungen,

2. die Absatzwegeabweichungen,

3. die Warenprozeßabweichungen,

um einige Beispiele zu nennen.

<u>Die Planung oder Standardisierung bezieht sich im Handel somit nicht wie in der Industrie schwerpunktmäßig auf die Beschäftigungsplanung bestimmter Kosten- stellen, sondern primär auf die E r l ö s - u n d B r u t t o e r t r a g s p l a n u n g bestimmter Erfolgsstellen.</u>

Die V o r g a b e v o n P l a n w e r t e n wird sich in jedem Unternehmen und in jedem Unternehmensteilbereich auf die Größen beschränken, die vom jeweils ver- antwortlichen Entscheidungsträger tatsächlich beeinflußt werden können.

Die **Erreichbarkeit der Planwerte** im Handel ist oft nicht durch arbeitsanalytische Verfahren vorgeprüft. Es handelt sich vielmehr um recht grobe, aber wegen der Anbindung an die Vergütungen nicht minder wirkungsvolle, auf Erfahrung oder Vergleich beruhende Schätzungen. Daher ist es oft auch schwierig, bei komplexen Plangrößen die Gründe für die Einhaltung oder Nichteinhaltung im Detail zu erkennen.

Aus diesen Überlegungen folgt, daß auch unterschiedliche Typen von **Planabweichungsanalysen** möglich sind, so

— analytisch begründbare Abweichungen,

— nicht analytisch begründbare Abweichungen.

9. Die Kostenarten, die Kostenstellen und die Kostenträger

a) Die Kostenarten

Die Kostenrechnung beruht auf der Erfassung der Kosten nach Entstehungskriterien. Kostenarten sind die Kosten in der Form, wie sie in dem Betrieb für die einzelnen betrieblichen Faktoren entstehen. Die Art der Abgrenzung und Differenzierung der Kostenarten ist eine wichtige Entscheidung beim Aufbau einer Kosten- und Ergebnisrechnung. Dafür bieten sich als allgemeine Hilfsmittel **Kontenrahmen** an[22].

Als Beispiele für eine Gliederung können die Einheitskontenrahmen des Einzelhandels oder des Großhandels herangezogen werden[23]. In der Kontenklasse 4 des Einzelhandels bzw. in der Kontenklasse 5 des Großhandels werden die Kostenarten nicht nach rein artmäßigen Gesichtspunkten gegliedert[24], da neben sachlichen auch kostenstellenorientierte Aspekte berücksichtigt werden, z. B. bei den Gruppen Werbung (54) und Fuhrpark (57)[25]. Für Verbesserungen des Kontenrahmens für den Handel werden immer wieder Vorschläge unterbreitet[26], bisher ohne praktische Konsequenzen. Vor allem für betriebliche und überbetriebliche Vergleichsrechnungen ist eine einheitliche Kontierung unerläßlich. Daher werden für Betriebsvergleiche **einheitliche Kontenpläne** entwickelt, die zunehmend praktische Bedeutung erlangen.

---

22) Vgl. Ziegler, Franz: Die Kosten- und Leistungsrechnung des Handels in der Marktwirtschaft – mit besonderer Berücksichtigung des Großhandels, in: Deutsche Gesellschaft für Betriebswirtschaft (Hrsg.): Die Unternehmung im Strukturwandel der Wirtschaft, Gegenwarts- und Zukunftsaufgaben der Betriebswirtschaft, 2. Bd.: Markt und Marktstrategie, Berlin 1967, S. 125–149, insb. S. 130–137.

23) Vgl. hierzu Nowak, Paul: Zur Frage der Kostenrechnung in Handelsbetrieben, in: Zeitschrift für handelswissenschaftliche Forschung, Neue Folge, 13. Jg., S. 624–640, hier S. 628; vgl. Schmitz, Gerhard: Kostenstruktur der Handelsbetriebe, in: Tietz, Bruno (Hrsg.): Handwörterbuch der Absatzwirtschaft, Stuttgart 1974, Sp. 1142–1150, hier Sp. 1144.

24) Ziegler, Franz: Grundsätze und Gemeinschaftsrichtlinien für das Rechnungswesen – Ausgabe Handel –, Frankfurt a. M. 1951, S. 31.

25) Vgl. Buddeberg, Hans: Die Handelskosten der Großhandlungen, Diss. Köln 1948, S. 25.

26) Vgl. Endres, Walter: Neuer Kontenrahmen auch für den Handel?, in: Bidlingmaier, Johannes (Hrsg.): Modernes Marketing – Moderner Handel, Wiesbaden 1972, S. 525–541, hier S. 532.

Jede unternehmerische Entscheidung geht implizite von einer bestimmten Kosten- und Erlösdefinition aus. Bei unterschiedlichen Entscheidungskategorien können die Definitionen voneinander abweichen.

b) Die Kostenstellen

Durch die Kostenstellenrechnung werden die Kostenarten auf die O r t e d e r E n t s t e h u n g zugeordnet.

Zwischen die betrieblichen Faktoren und die Kostenträger, d. s. die Leistungseinheiten, schieben sich vielfältige Faktorkombinationsprozesse, die in einzelnen Stellen, Abteilungen oder Zentren erledigt werden. So spricht man von Stellenkosten, Abteilungskosten und Zentrenkosten sowie von Kostenstellen, Kostenabteilungen und Kostenzentren.

Der Bildung von Kostenstellen werden bestimmte Ziele oder Prinzipien zugrunde gelegt, z. B.:

1. die Verantwortungsbezogenheit der Kostenstellen,
2. die Einfachheit der Verrechnungssätze, wenngleich eine exakte Zurechnung der Gemeinkosten auf die Kostenträger angestrebt wird.

Weiter lassen sich nennen:

3. die klare Trennung zwischen Kostenstellen, denen Kostenarten direkt zugeordnet werden können, und sonstigen Kostenstellen,
4. die Beachtung der Gleichartigkeit der Leistungen auf den Kostenstellen, die Schaffung von zusätzlichen Kostenstellen für einmalige zusätzliche Aufgaben (als Voraussetzung für innerbetriebliche und zwischenbetriebliche Kostenstellenvergleiche),
5. die Änderungen der Kostenstellen bei neuen dauerhaften betrieblichen Aufgaben.

Die Kostenstellen lassen sich wie folgt gliedern:

1. die H a u p t k o s t e n s t e l l e n , z. B. Warengruppen oder Abteilungen,
2. die N e b e n k o s t e n s t e l l e n , z. B. die Näherei,
3. die H i l f s k o s t e n s t e l l e n , d. s. die Verwaltungsabteilungen[27]).

Durch N e b e n k o s t e n s t e l l e n werden solche Kostenarten aufgefangen, die für einzelne Hauptkostenstellen entstanden sind, diesen jedoch nicht unmittelbar zugerechnet werden können. Auf H i l f s k o s t e n s t e l l e n können solche Kosten, die zwar für die Betriebstätigkeit Voraussetzung sind, aber nicht verursachungsgemäß den anderen Kostenstellen zugeordnet werden können, umgelegt werden[28]).

---

27) Vgl. Kosiol, Erich: Warenkalkulation in Handel und Industrie, 2. Aufl., Stuttgart 1953, S. 72.

28) Zur Kostenstellenbildung vgl. die Ausführungen in: Häberle, Helmut: Die Kalkulation im Einzelhandel als Instrument der Betriebsführung, in: Hessenmüller, Bruno; Schnaufer, Erich (Hrsg.): Absatzwirtschaft, Baden-Baden 1964, S. 629–659; sowie Kosiol, Erich: Warenkalkulation in Handel und Industrie, 2. Aufl., Stuttgart 1953, S. 72.

Die Definition von K o s t e n s t e l l e n k a t e g o r i e n ist unternehmens- und rechnungszielabhängig. Wenn Filialen als Hauptkostenstellen gewählt werden, lassen sich z. B. die Verwaltung, der Fuhrpark als Hilfskostenstellen bezeichnen. Als Nebenkostenstellen seien im Lebensmittelbereich erwähnt die Metzgereien, die Gemüseabteilung, die Weinkellerei, die Packereien.

Häufig wird im Handel eine G l i e d e r u n g n a c h W a r e n g r u p p e n als Grundlage der Abteilungskontrolle gewählt. „Wo ein Betriebsleiter irgendeiner Abteilung vorsteht, da besteht Anlaß, diese Abteilung auch zu einem besonderen Komplex der monatlichen Gewinnrechnung zu machen, so daß nach Möglichkeit jeder einigermaßen selbständige Betriebsleiter sein eigenes Anteilsstück am Rechnungswesen hat"[29].

Auch weitere Merkmale werden zu Kriterien der Kostenstellengliederung. Im Großhandel bestehen aufgrund der Umsatzhöhe und der Betreuungsintensität oft mehrere K u n d e n g r u p p e n , die unterschiedliche Preise erhalten, für die getrennte Stellen gebildet werden. Weitere Differenzierungen ergeben sich bei R e i s e g e s c h ä f t u n d L a g e r g e s c h ä f t , d. h. bei Besuch der Kunden am Lager. Auch für das Lagergeschäft werden oft Provisionen an die Vertreter oder Reisenden gezahlt, zu deren Bezirk oder Tour die Kunden gehören. Ein weiteres Gliederungskriterium ist das L a g e r g e s c h ä f t u n d d a s S t r e c k e n g e s c h ä f t , u. U. nach Warengruppen differenziert.

Die Tendenz zur Präsentation gleicher Waren in unterschiedlichen Abteilungen, z. B. auch beim Shop-in-Shop-System, beeinträchtigt die Aussagefähigkeit der Kostenanalyse nach Warengruppen. Waren früher die räumlichen Einheiten auch sortimentsmäßige Einheiten, so wird dieser Zusammenhang heute mehr und mehr zerstört. Die Folge davon ist bei einer räumlichen Gliederung der Erträge eine Mischung teilweise sehr unterschiedlicher Warengruppen. Aus diesem Grunde können für die Kostenstellenrechnung räumliche Warengruppierungen durch sachliche Abteilungsrechnungen ergänzt oder die räumlichen Einheiten in dem Maße unterteilt werden, daß gleichartige Waren, die an unterschiedlichen Standorten angeboten werden, wieder zusammengefaßt werden können.

c) Die Kostenträger

Die Kostenträgerrechnung befaßt sich mit der Zuordnung der Kosten auf die L e i s t u n g s e i n h e i t e n . Die Kosten je Leistungseinheit sind Trägerkosten; die Leistungseinheit wird als Kostenträger bezeichnet.

In Produktionsbetrieben aller Art bildet das einzelne produzierte Stück den bevorzugten Kostenträger und die Leistungseinheit; seltener wird ein Auftrag oder ein Projekt gewählt.

---

29) Schmalenbach, Eugen: Die monatliche Gewinnrechnung, in: Beiträge zur Theorie und Praxis der monatlichen Erfolgsrechnung in Wirtschaftsbetrieben, Berlin 1928, S. 1–37, hier S. 1.

In Marketing und Handel sind vergleichbar eindeutige Festlegungen nicht möglich. Als Beispiele seien die Verrechnung von Fehlverkäufen oder Nichtverkäufen bei Außendienstbesuchen erwähnt. Als Kostenträgerhilfsgrößen kann die Zahl der beratenden Kunden oder der getätigten Besuche gewählt werden, die jedoch keine unmittelbare Verbindung mit dem Marketingerfolg aufweisen.

Es gibt in Marketing und Handel keine eindeutige Leistungseinheit. Was Kostenstelle und was Kostenträger ist, kann nicht generell, sondern nur zweckabhängig definiert werden. So wird man in Handelsbetrieben unterschiedliche Kostenträger bzw. Leistungseinheiten wählen.

Beispiele sind:

— Warengruppen,

— Kunden nach der Absatzgrößenklasse (Groß- und Kleinkunden),

— Kunden, die selbst abholen, und Kunden mit Warenzustellung, auch Streckenkunden,

— Auftragsgrößen.

Für eine Gliederung nach Warengruppen gibt es wiederum zahlreiche Möglichkeiten. Ziegler erwähnt u. a. Handelsspannen, Kostenspannen, physische Beschaffenheit, Umschlagsgeschwindigkeit[30]. Vorherrschend bleibt die sachliche Zusammengehörigkeit nach Sortimentskriterien.

Als Kostenträger gelten im Versandhandel z. B.

1. der Umsatz je Katalogseite,

2. der Auftrag,

3. der Umsatz bzw. die Absatzmenge je Artikel.

Teilweise werden in Marketing und Handel die verrichtungsorientierten Bereiche als Kostenstellen und die Warengruppen als Kostenträger bezeichnet. So hat die REWE Dortmund folgende Kostenstellen geschaffen[31]):

1. produktbezogene Kostenstellen:

   a) Lager Trockensortiment,

   b) Lager Frischdienst-Molkereiprodukte,

   c) Lager Wurstwaren,

   d) Fleischerei,

   e) Rösterei,

---

30) Vgl. Ziegler, Franz: Die Kosten- und Leistungsrechnung des Handels in der Marktwirtschaft — mit besonderer Berücksichtigung des Großhandels, in: Deutsche Gesellschaft für Betriebswirtschaft (Hrsg.): Die Unternehmung im Strukturwandel der Wirtschaft, Gegenwarts- und Zukunftsaufgaben der Betriebswirtschaft, 2. Bd.: Markt und Marktstrategie, Berlin 1967, S. 125–149, hier S. 143 f.

31) Vgl. Goer, Norbert: REWE Dortmund — transparenter mit der neuen KER, in: Rationeller Handel, 18. Jg., H. 5, 1975, S. 41–47, hier S. 41.

   f) Fuhrpark Trockensortiment,

   g) Fuhrpark Frischdienst-Molkereiprodukte,

   h) Fuhrpark Frischfleisch,

   i) Fuhrpark Wurstwaren,

   j) Ein- und Verkauf für die einzelnen Produktbereiche;

2. Produkten übergeordnete Stellen:

   a) Verwaltung,

   b) Werbung,

   c) Betreuung;

3. Hilfskostenstellen:

   a) Werkstatt,

   b) Gebäude.

Die Kosten aus 1. und 2. werden auf folgende Kostenträger übernommen[32]):

1. das Trockensortiment,

2. die Molkereiprodukte,

3. das Frischfleisch,

4. die Wurstwaren,

5. die über Strecke verrechneten Waren,

6. der eigenerstellte Röstkaffee,

7. die Kantine,

8. der zentrale Warenbereich als Sonderfall.

Die Art der Abgrenzung der Kostenstellen sowie die Zahl der Kostenstellen bestimmen im übrigen auch die Ergebnisse der Kostenträgerrechnung, d. h. der Kalkulation.

10. Die Kostenbewertung – Die zeitliche Abgrenzung

a) Das Grundkonzept der Kostenabgrenzung

Zu unterscheiden sind als kategoriale Wertansätze zwei Kostenbegriffe:

1. der zahlungsbezogene oder p a g a t o r i s c h e K o s t e n b e g r i f f , der an
   die effektiven Auszahlungen anknüpft,

2. der wertbezogene oder k a l k u l a t o r i s c h e K o s t e n b e g r i f f , der
   sich an betriebswirtschaftlichen Werten eines Kostengutes orientiert.

---

32) Vgl. ebenda, S. 44.

Historisch hat sich die Kostenrechnung aus einer reinen Geld-, Nominal-, Zahlungs- bzw. Finanzrechnung zu einer Sach-, Real- bzw. Leistungsrechnung entwickelt.

Bei der Wahl der Wertansätze werden bei der p a g a t o r i s c h e n R e c h - n u n g Anschaffungs- oder Einstandspreise angesetzt, und zwar als Vergangen- heits- oder Zukunftspreise[33]).

Bereits durch die Notwendigkeit zur Periodisierung der Kosten muß der pagatori- sche Kostenbegriff ergänzt werden, z. B. bei der Berechnung von Abschreibungen.

Je nach der Wahl des Kostenansatzes ergibt sich eine unterschiedliche Interpreta- tion des V e r u r s a c h u n g s p r i n z i p s :

1. Das U n m i t t e l b a r k e i t s p r i n z i p : In diesem Falle werden nur die un- mittelbar mit der Leistungserstellung verbundenen Kosten festgestellt (p a g a - t o r i s c h e O r i e n t i e r u n g).

2. Das T o t a l i t ä t s p r i n z i p : In diesem Falle wird gefragt, was insgesamt erforderlich ist, um eine Leistung zu erstellen, unabhängig davon, wann die Faktoren beschafft wurden (k a l k u l a t o r i s c h e O r i e n t i e r u n g).

Die k a l k u l a t o r i s c h e n K o s t e n dienen als Ersatz für fehlende oder an- dere ausgabenwirksame Kosten. Man nennt sie auch zugeschriebene Kosten oder trennt sie als A n d e r s - u n d Z u s a t z k o s t e n.

Beispiele sind in Einzelunternehmen der Unternehmerlohn, der als kalkulatorischer Kostenbestandteil in der Kostenrechnung anzusetzen ist, oder kalkulatorische Ab- schreibungen und Zinsen, die die bilanziellen Abschreibungen und die effektiv ge- zahlten Zinsen ersetzen bzw. ergänzen.

Die K o s t e n f ü r A n l a g e n entstehen durch Periodisierung des Gesamtwer- tes auf die Nutzungsperioden. Die P e r i o d i s i e r u n g erfolgt durch unter- schiedliche Abschreibungsverfahren.

Bei Handelsbetrieben erreicht der Wert der Anlagegüter oft Beträge, die unter der steuerlich festgelegten Aktivierungspflicht liegen, so daß trotz mehrjähriger Nut- zung eine totale „Abschreibung" im Jahr der Anschaffung erfolgt. Durch diese Vorgehensweise wird die Vergleichbarkeit zwischen Filialen eines Unternehmens oder auch der Zeitvergleich wie auch der zwischen Unternehmen erfolgende Ver- gleich gestört.

Kalkulatorische Kosten können in kleinen Handelsbetrieben u. U. niedriger anzu- setzen sein als effektive Kosten. So gibt es effektive Kosten, die dem Unternehmen angelastet werden, um den persönlichen Lebensstil zu verbessern, z. B. bei kleinen Unternehmen eine über der Einkommensklasse liegende Wahl von Geschäftsfahr- zeugen, die die Gewinnhöhe unter betriebswirtschaftlichem Aspekt unzulässig mindern.

---

33) Vgl. auch Adam, Dietrich: Entscheidungsorientierte Kostenbewertung, Wiesbaden 1970, S. 30.

Für die betriebliche Steuerung empfehlen sich u. U. noch darüber hinausgehende betriebswirtschaftliche Kostenabgrenzungen. Danach kann man vergangenheits- oder zukunftsorientierte kalkulatorische Kostenpositionen unterscheiden. So können bei der Beurteilung von Außendienstbezirken zukunftsorientierte kalkulatorische Positionen berücksichtigt werden, so kalkulatorische Rückstellungen, z. B. für Lagerumbauten oder für zusätzliche regionale Dispositionspunkte wie auch für Schulungsprogramme. Diese Dynamisierung des Konzeptes der kalkulatorischen Kosten ist eine Aufweitung klassischer Rechenkonzepte.

b) Zum Wertansatz

Bei der Festlegung der Kosten in der Kostenträgerstück- und -zeitrechnung können mehrere alternative Wertansätze Anwendung finden, z. B.:

1. die vergangenheits-, gegenwarts- oder zukunftsorientierten Werte,

2. die Marktwerte oder Verrechnungswerte,

3. die input- oder outputorientierten Faktorpreise.

(1) Der Vergangenheits- oder der Wiederbeschaffungswert

Zur Beurteilung bzw. Steuerung der Abteilungen erscheint es zweckmäßig, bei allen Sachmittelkosten Wiederbeschaffungswerte anzusetzen, um die Konkurrenzfähigkeit gegenüber anderen Unternehmen abschätzen zu können, die ihren Betrieb neu eröffnen und mit einer auf aktuellen Werten beruhenden Kostenstruktur operieren müssen. Im Einzelhandel sind dies insbesondere die Raumkosten und die Sachmittelkosten.

Bei den Raumkosten können angesetzt werden:

1. die effektiv gezahlten Mieten bei Fremdgebäuden bzw. die Zumessung eines Abschreibungsanteils bei eigenen Gebäuden,

2. die marktgerechten Mieten.

Für kalkulatorische Mieten schlägt Möllers[34] das folgende Verfahren vor: Zunächst werden kalkulatorische Zinsen für Gebäude und Gebäudeteile festgelegt; die kalkulatorischen Abschreibungen des Gebäudes, Rückstellungen für Großreparaturen, Grundsteuer und Anliegerbeträge sowie Versicherungsprämien für das Gebäude, Bewachungskosten und unter Umständen Kosten für die Außenreinigung des Gebäudes werden als Abschreibungsgrundlage berücksichtigt. Dabei ist jedoch zu beachten, daß kalkulatorische Zinsen auf Grundstücke und Gebäude nicht doppelt verrechnet werden, d. h., sie können entweder bei der Fixierung der Mietwerte oder bei den kalkulatorischen Zinsen angesetzt werden.

Ähnliche Überlegungen lassen sich bei den Tourenkosten naher und ferner Touren im Großhandel anstellen. Davon sind sowohl die Verkäufer- als auch die

---

34) Vgl. Möllers, Paul: Betriebsabrechnung im Handel, Frankfurt a. M. 1965, S. 54.

Auslieferungskosten betroffen. So kann man die Tourenkosten auf der Basis vergleichbarer Fremdleistungen von Spediteuren ansetzen und etwaige Überdeckungen bei eigenem Transport als (neutrale) Transporterträge auffassen. Die Beurteilung der Kunden hängt auch davon ab, ob ihnen durchschnittliche Transportkosten oder entfernungsabhängige Transportkosten angelastet werden.

Einfluß auf die Höhe der Kosten hat die Bemessung der A b s c h r e i b u n g s - b e t r ä g e , d. h. die Verteilung der Beschaffungskosten von Nutzungsfaktoren auf die Perioden der Nutzung. Die Genauigkeit der Abschätzung der Abschreibungsdauer prägt die Genauigkeit der Kostenrechnung. Zu entscheiden ist weiter auch über die Verrechnung von Abschreibungen bei voll abgeschriebenen, aber noch genutzten Anlagen und bei nicht voll abgeschriebenen und nicht mehr genutzten Anlagen. Außerdem ist die Entscheidung zu treffen, ob man sich an den Anschaffungs- oder an den Wiederbeschaffungskosten orientieren soll. Im letzteren Fall erfolgt eine Erhöhung der Abschreibungen unter Beachtung der steigenden Wiederbeschaffungspreise.

Vor allem zur Beurteilung der Abteilungen ist zu entscheiden, ob ausschließlich dem bilanziellen Abschreibungsrhythmus gefolgt werden soll oder ob auch fiktive Abschreibungen, z. B. bei noch genutzten, aber bereits abgeschriebenen Sachmitteln, in Ansatz gebracht werden sollen. Für Zwecke der Abteilungssteuerung und der Unternehmens- bzw. Filialsteuerung kann sogar die Rechnung mit mehreren parallelen Wertansätzen zweckmäßig sein.

Im Handel, so bei Fahrzeugen oder Lagermaschinen, hat die Trennung in gebrauchs- und zeitbezogene Abschreibungen Bedeutung. Bei G e b r a u c h s - m i n d e r u n g e n handelt es sich um v a r i a b l e , bei z e i t b e z o g e n e n W e r t m i n d e r u n g e n um f i x e Kosten. Neuerdings werden diese Abschreibungskategorien differenziert betrachtet. So wird bei Fahrzeugen eine ausschließliche Verrechnung als Fixkosten angeregt, weil die Restverkaufserlöse eher vom Jahresalter als von der Fahrstrecke bestimmt werden. Bei den Kosten der Instandhaltung von Fahrzeugen werden dann eher fixe Kosten angenommen, wenn die entsprechende Arbeit zeitabhängig durchgeführt wird[35]). Sind die Arbeiten dagegen nutzungsabhängig, sind variable Kosten anzusetzen.

(2) D i e B e w e r t u n g d e r W a r e n b e s t ä n d e

Durch die Art der Bewertung der Warenbestände wird die Höhe des Bruttoertrages beeinflußt und damit auch das Betriebsergebnis.

Buddeberg bezeichnet den A n s c h a f f u n g s p r e i s als Grundlage für eine exakte Erfassung des Warenertrages; „während der Dauer der Vorrätigkeit der Waren im Handelsbetrieb eintretende mengen- und wertmäßige Einbußen sind als Kosten anzusetzen"[36]). Da in der Regel nicht für jede einzelne Ware der Einstandspreis festgehalten werden kann, werden S a m m e l b e w e r t u n g e n vorgenom-

---

35) Vgl. Männel, Wolfgang: Moderne Fahrzeugkostenrechnung im Güterkraftverkehr, in: Gesellschaft zur Förderung der Forschungsstelle für Verkehrsbetriebe (GFVB) e. V. (Hrsg.): Leistungs- und Kostenanalyse als Grundlage der Transportrationalisierung, Frankfurt a. M. 1975, S. 73–100.

36) Buddeberg, Hans: Betriebslehre des Binnenhandels, Wiesbaden 1959, S. 125.

men, z. B. die Bewertung zu Durchschnittspreisen mit dem gewogenen arithmetischen Mittel. Abgänge und Endbestand werden mit den durchschnittlichen Anschaffungskosten bewertet. Die Abweichung vom Tagespreis ergibt sich aus der Höhe des Anfangsbestandes und den jeweiligen Zugängen und deren Preisen. Hingewiesen sei auch auf das Verfahren mit gleitenden Durchschnittspreisen, bei dem mit jedem Zugang ein neuer Durchschnitt gebildet wird, sowie auf das Lifo-, das Fifo- und das Hifo-Verfahren.

Beim **Lifo-Verfahren** (last in – first out) wird buchtechnisch unterstellt, daß die zuletzt eingekaufte Ware das Lager zuerst verläßt. Auf diese Weise bilden die zuerst gekauften Waren den Endbestand. Beim **Fifo-Verfahren** (first in – first out) wird die zuerst erworbene Ware auch zuerst verbraucht. Der Warenbestand wird zu dem Einstandspreis der zuletzt erworbenen Ware bewertet. Beim **Hifo-Verfahren** (highest in – first out) werden die mit den höchsten Beschaffungskosten erworbenen Waren zuerst ausgebucht und damit der Endbestand zu den niedrigst möglichen Werten angesetzt.

Unter der Voraussetzung der Verkäuflichkeit aller Waren senkt das Lifo-Verfahren bei steigenden Preisen den Bruttoertrag, bei fallenden Preisen wird er im Vergleich zu durchschnittlichen Beschaffungspreisen erhöht. Die umgekehrte Wirkung hat das Fifo-Verfahren. Beim Hifo-Verfahren ergeben sich bei steigenden Preisen Wirkungen wie beim Lifo-Verfahren, d. h. ein gegenüber dem Durchschnittspreis zu niedrig ausgewiesener Bruttoertrag, bei fallenden Preisen die gleichen Wirkungen wie beim Fifo-Verfahren, d. h. ein gegenüber dem Durchschnittspreis ebenfalls zu niedrig ausgewiesener Bruttoertrag.

Bewertet man zum **Tagespreis**, so entspricht dieser „dem Preis, der an einem bestimmten Tag für das zu bewertende Gut zu zahlen ist"[37]).

(3) Die internen Lenkungspreise

Man kann somit Kostengüter in Anlehnung an Marktpreise oder mittels kalkulatorischer Abgrenzung zur internen Steuerung des Faktorverbrauchs festsetzen. Besondere Probleme resultieren aus den intern erstellten und zu verrechnenden Leistungen. Da häufig Marktpreise fehlen, werden die Preise intern, z. B. auf der Basis von Vollkosten und eines angemessenen Gewinns, berechnet. Solche internen Lenkungspreise wären z. B. Verrechnungspreise für die Inanspruchnahme von EDV-Leistungen.

<u>Bei **Warenhausunternehmen** wird durch interne Lenkungspreise das Problem der Direktanlieferung vom Lieferanten an die Filialen oder der Anlieferung über die eigenen Zentrallager zu lösen versucht.</u>

Im allgemeinen werden bestimmte Waren grundsätzlich über Zentrallager geliefert, andere direkt. Die Direktlieferung wird für Zentrallagerware zugelassen, wenn Einstandspreisunterschiede einer vorgegebenen Mindesthöhe bestehen, die zum einen den Fortfall der Zentrallagerkosten und zum anderen die zusätzlichen

---

37) Beste, Theodor: Die Kurzfristige Erfolgsrechnung, 2. Aufl., Köln - Opladen 1962, S. 232.

Kosten in den Filialen berücksichtigen. Dabei kann man sich darauf beschränken, relative Standardgrößen zu formulieren. Bei einem Warenhausunternehmen werden zur Deckung der Zentrallagerkosten bei Nichtlebensmitteln mindestens 3 % Preisnachlaß vom Einkaufspreis für die Zulassung von Streckengeschäften im Vergleich zum Lagergeschäft gefordert. Entsprechende Ansätze können z. B. auch bei Entscheidungen über Selbstverpackung oder Selbstverarbeitung gegenüber Fremdbezug entsprechender Leistungen gewählt werden.

Durch diese Form der pretialen Lenkung kann auch geregelt werden, daß eine Ebene eines Unternehmens Fremdleistungen dann in Anspruch nimmt, wenn eine andere Ebene, z. B. die Produktion, für ihre Leistungen höhere Verrechnungspreise als die Marktpreise ansetzt und eine Senkung der Verrechnungspreise in internen Verhandlungen nicht zugestanden wird.

<u>Diese Überlegungen verdeutlichen, daß durch die Art der Bewertung von Kostengütern Entscheidungen in einer bestimmten Richtung beeinflußt werden. Die Ansätze der pretialen Lenkung, die hier nur angedeutet wurden, sind praktikabel, aber theoretisch teilweise angreifbar.</u>

(4) Marktwerte oder Verrechnungswerte

Der technische und distributionswirtschaftliche Fortschritt sowie Absatz- und Beschaffungsmarktwandlungen machen Vergleiche der sich ständig ändernden Kostenfunktionen unmöglich. Daher sind künstliche Festlegungen von Mengen oder Preisen eingeführt worden, um die Gründe von Kostenveränderungen besser erfassen zu können.

Als Beispiel für die Bildung von Verrechnungswerten sei die Erfassung der Personalkosten erwähnt. Bei der Erfassung der Personalkosten ergeben sich im Handelsbetrieb folgende Probleme:

1. Sollen die Sozialkosten eines Bereiches jeweils dem Bereich angerechnet werden, obwohl die Sozialkostenlöhne nichts mit dem Prozeß der Leistungserstellung in der Abteilung zu tun haben, oder ist es zweckmäßiger, mit sozialkostenbereinigten Ansätzen zu arbeiten?

2. Sollen die Ausbildungskosten, hier die Kosten für in Ausbildung befindliche Mitarbeiter, jeweils dem Bereich angerechnet werden, in dem der Mitarbeiter tätig ist, oder nicht?

Bei den Personalkosten in Marketing und Handel ist die Zurechnung auf Abteilungen oder Filialen nach unterschiedlichen Konzepten möglich:

1. nach effektiven Löhnen und Gehältern ohne den von den jeweiligen Abteilungen nicht zu verantwortenden Sozialaufwand,

2. nach Basislöhnen und Gehältern plus Leistungsvergütungen einschließlich aller gesetzlichen und freiwilligen Sozialleistungen.

Die zweite Rechnung mindert abteilungsunabhängige Einflüsse, da die Abteilungsleistung oder Filialleistung nicht von den teilweise erheblichen Unterschieden in der alters- und sozialbezogenen Vergütung einzelner Mitarbeiter abhängt. Andererseits ermöglicht nur die Totalrechnung der Personalkosten für einzelne Abteilungen einen Überblick darüber, wie hoch die effektive Belastung in bestimmten Abteilungen ist.

Außerdem ist zu entscheiden, ob eine Einbeziehung oder eine Herausnahme der Kosten für in Ausbildung befindliche Personen erfolgt. Die letztgenannte Lösung wird bevorzugt, um keine Widerstände gegen eine kostenbelastende Ausbildung hervorzurufen.

So empfiehlt Mellerowicz im Vertriebsbereich den Ansatz von Standardkostensätzen: „Am Beispiel der Kosten der Versandabwicklung, worunter wir alle Tätigkeiten verstehen wollen, die mit der Manipulierung (Zusammenstellen, Verladen) der Waren im Versand zusammenhängen, soll dies verdeutlicht werden. Als Maßgrößen kommen Auftrag, Auftragszeile, Erzeugniseinheit in Frage. Weder Auftrag noch Auftragszeile sind in diesem Falle Maßgrößen, die die Kostenverursachung oder wenigstens die anteilige Inanspruchnahme der angefallenen Kosten richtig ausdrücken. Da weiterhin die Erzeugniseinheiten sehr heterogen sein mögen (Kisten, Säcke, Tonnen usw.), kann auch darin keine brauchbare Größe gesehen werden. Man bildet daher eine sog. ‚Standard-Manipulierungseinheit', auf die alle Einzelheiten mittels Äquivalenzziffern zurückgeführt werden, so daß sich ein Verrechnungssatz für die Standard-Manipulierungseinheit ermitteln läßt. Es kann sich dann folgendes Bild ergeben"[38]):

Produkt-gruppe	Standard-Manipulierungseinheit	Äquivalenz-ziffer
I	1 Kiste	1
II	1 Sack	0,75
III	1 Tonne	4,3

„Auf ähnliche Art und Weise kann man Standard-Verpackungseinheiten und Standard-Transporteinheiten nach Auftragsgebieten bilden"[39]).

In ähnlicher Form sind auch bei allen anderen Kostenarten Überlegungen über die Verwendung effektiv gezahlter oder transformierter Kostengrößen zweckmäßig.

Sowohl Marktwerte als auch Verrechnungswerte sind beeinflußbar. Marktwerte ändern sich aufgrund von beschaffungspolitischen Maßnahmen bei gleicher Leistung oder auch durch Variation der Leistung der Lieferanten.

---

38) Mellerowicz, Konrad: Neuzeitliche Kalkulationsverfahren, Freiburg i. Br. 1966, S. 49 f.
39) Mellerowicz, Konrad: Neuzeitliche Kalkulationsverfahren, Freiburg i. Br. 1966, S. 49 f.

(5) Das Konzept der vermeidbaren Kosten

Die vermeidbaren Kosten (escapable costs) werden durch die Art der in der Preisstellung des Lieferanten enthaltenen Leistungen begründet. Ein Beispiel für diese Kostenkategorie sind die in den Verkaufspreis des Lieferanten eingebauten Kosten für die Gemeinschaftswerbung mit einem Kunden oder für später kostenlos zur Verfügung gestelltes Ausstellungsmaterial im Laden. Diese Kosten erscheinen nicht als Operating Costs der Abnehmer, z. B. des Einzelhandels, sondern sind im Einkaufspreis enthalten[40]).

Die diskontorientierten Einzelhandelsunternehmen haben vor allem in den USA zeitweise darauf gedrängt, diese Leistungen ersatzlos wegfallen zu lassen und dafür niedrigere Einstandspreise in Rechnung zu stellen. Dadurch ergäbe sich einmal eine Senkung des Einkaufspreises des Einzelhändlers, jedoch bei gleichen prozentualen Aufschlägen auch eine Senkung der absoluten Handelsspanne. Die kostenrechnerische Vereinheitlichung des Leistungsübergangs bildet auch einen Ausgangspunkt für verbesserte Kosten- und Leistungsvergleiche.

(6) Die input- oder outputorientierten Werte

Neben den an Beschaffungspreisen orientierten Kostengrößen gibt es an Erlösgrößen gebundene Kosten, z. B. an den Verkaufspreis gebundene Kosten, wie Provisionen. Eine begründete Zurechnung solcher verkaufspreisabhängigen Kosten auf den Kostenträger ist dann schwierig, wenn für gleiche Waren unterschiedliche Provisionen gewährt werden.

Bei Freiheitsgraden der Preisstellung durch den Verkauf, z. B. den Außendienst, wird sogar der Preis vergleichbarer Waren variiert. Die Provision hängt dann in der Regel auch vom erzielten Preis ab.

Bewertungsprobleme bestehen schließlich bei

1. dem Faktorverbund, z. B. Kühlaggregate zur Lagerung unterschiedlicher Waren,

2. dem Erlösverbund, z. B. Globalrabatte.

11. Die Verfahren der Zuordnung der Kostenarten auf Kostenstellen

Die Kostenarten sind direkt dem Kostenträger oder den Kostenstellen zuzurechnen. Durch die Trennung von Haupt- und Hilfskostenstellen wird dazu beigetragen, die Kostenzurechnung zu erleichtern. Hilfskostenstellen werden nicht unmittelbar, sondern nur mittelbar für die Leistungserstellung eingeschaltet. Daher werden die Kosten der Hilfskostenstellen entsprechend der Inanspruchnahme auf die Hauptkostenstellen verteilt. Ein besonderes Problem bildet die Verrechnung zwischen den Hilfskostenstellen, wenn eine Hilfskostenstelle Leistungen an andere Hilfskostenstellen abgibt und von diesen Leistungen empfängt[41]).

---

40) Vgl. Entenberg, Robert D.: Effective Retail and Market Distribution, Cleveland - New York 1966, S. 257.

41) Die innerbetriebliche Leistungsverrechnung beruht auf zwei Verfahrenstypen: 1. dem Gleichungsverfahren und 2. dem Näherungsverfahren, und zwar dem Anbauverfahren sowie dem Stufenleiterverfahren. Vgl. dazu Wöhe, Günter: Einführung in die Allgemeine Betriebswirtschaftslehre, 12. Aufl., München 1976, S. 898–903.

Die Umlageschlüssel

Für die Kostenschlüsselung sind zahlreiche Vorschläge entwickelt worden. Zur Vermeidung von Schlüsselungen wird wegen der damit verbundenen hohen Kosten im Handel oft ein kombiniertes System von Kostenarten- und Kostenstellengliederung gewählt. Die Qualität der Kostenschlüsselung prägt die Aussagen der Kostenrechnung in besonderem Maße.

Bei der Kostenschlüsselung kann man sich der Ergebnisse der Personaleinsatzplanung bedienen, z. B. bei der Umlage der Kosten an den Registrierkassen, bei denen zur Verrechnung nicht der Umsatz, sondern eine Schlüsselung der einzelnen Warenpositionen und Warengruppen aufgrund von Zeitstudien gewählt wird. Die Positionen werden bei der Zurechnung der Kassierkosten bei Zentral-Checkout nach Abteilungen gewichtet, z. B. je Position Lebensmittel 1,00, je Position Damenoberbekleidung 1,80. Beim Z e i t s t u d i e n k o n z e p t werden artikelspezifische Kosten für die Lager-, Transport- und Manipulationsaktivitäten ermittelt. In der General Foods Study von McKinsey aus dem Jahre 1963[42]) werden Kostenzurechnungen für die Manipulation eines Kartons vom Zentrallager bis in den Einzelhandelsladen vorgenommen.

Beim V e r w e i l d a u e r k o n z e p t wird ein Schlüssel zur Umlage der Lagerfixkosten gesucht. Dabei wird nach der Formel

$$(\text{Preis} - \text{Einzelkosten}) \cdot \text{Menge} - \text{Fixkosten} \cdot \frac{\emptyset \ \text{Warengruppenbestand}}{\emptyset \ \text{Gesamtlagerbestand}}$$

ein Deckungsbeitrag für jede Warengruppe errechnet.

Hier werden die Fixkosten unter Beachtung der Kapitalbindung im Lager und damit nach der nicht allein auf dem Absatz, sondern auch auf den Beschaffungsbedingungen beruhenden Umschlagshäufigkeit zugerechnet. Fehler entstehen sowohl aufgrund der in der Regel auf Warengruppen vergröberten Bestandsermittlung als auch aufgrund der Abhängigkeit der Bestände von möglichen Einkaufsfehlern[43]).

Da Umlageschlüssel zur Verrechnung der Kosten zwar theoretisch definierbar sind, praktisch jedoch nur schwierig zuverlässig ermittelt werden können, erfolgt im Handel häufig eine S u b s t i t u t i o n der Umlageschlüssel d u r c h B u d g e t s[44]).

Ein Hauptproblem ist die Wahl der Verteilungsschlüssel, wenn Filialen oder Abteilungen mit Zentralkosten belastet werden sollen.

Im folgenden wird am Beispiel des Umsatzschlüssels und des entfernungsabhängigen Schlüssels nachgewiesen, daß jeder Schlüssel ein unterschiedliches Steue-

---

42) Vgl. McKinsey & Co., Inc. (Hrsg.): Die wirtschaftliche Leistung des US-Lebensmittelhandels, Betriebspolitische Maßnahmen und ihr Einfluß auf Kosten und Gewinne, New York, N. Y., 1963.

43) Vgl. Holtzhausen, C. G.: Die Kalkulation muß besser werden, in: Handelsblatt, 17. Jg., Nr. 180, 19. Sept. 1962, S. 10.

44) Vgl. auch Kube, Volker: Leistungserfassung im Industriebetrieb, in: Jacob, Herbert (Hrsg.): Neuere Entwicklungen in der Kostenrechnung (I), Schriften zur Unternehmensführung, Bd. 21, Wiesbaden 1976, S. 41 bis 84, hier S. 59.

rungskonzept bedeutet. Man mag sich in diesem Zusammenhang ein Filialunternehmen vorstellen, das über eine Zentrale verfügt und Kosten auf die Filialen verteilen will.

Bei Verwendung des U m s a t z s c h l ü s s e l s würden die direkt zurechenbaren Kosten der Lagerung, des Transports und der zentralen Auszeichnung nach der Höhe des Umsatzes der Filialen verrechnet. In einem solchen Fall werden verursachungsgemäße Degressionseffekte der größeren Filialen nicht berücksichtigt. Unbeachtet bleiben auch Sortimentsunterschiede, die unterschiedliche Lagerkosten verursachen, oder Entfernungsunterschiede, durch die unterschiedliche Transportkosten begründet sind. Dieser Schlüssel beruht auf dem Konzept, daß jede Filiale die zugerechneten Leistungen der Zentrale umsatzproportional in Anspruch nimmt.

Bei Verwendung des e n t f e r n u n g s a b h ä n g i g e n S c h l ü s s e l s würden z. B. die Transportkosten nach dem Standort der Filiale tonnenkilometrisch berücksichtigt. Durch diesen Schlüssel erhält die Unternehmensleitung eine klare Information darüber, welche Kosten weit entfernte Filialen verursachen. Der dort ansässige Filialleiter ist jedoch nicht für seinen Standort verantwortlich und kann u. U. auch keine höheren Preise als seine lagernahen Kollegen erzielen. Er hat auf diese Art und Weise durch die verursachungsgemäße Kostenzurechnung einen Kostennachteil zu verkraften. Selbst wenn die entfernten Filialen aufgrund der Transportkosten in die Verlustzone geraten, ist es fraglich, ob die Geschäftsleitung sich von der Filiale trennen sollte. Eine erste Auffanglinie liegt dort, wo überhaupt noch Deckungsbeiträge für die Zentrale entstehen. Eine zweite Auffanglinie wären die bei Wegfall der Filiale nicht mehr erzielten Einkaufsvorteile. Aber auch darüber hinaus kann es noch Gründe geben, eine Verlustfiliale weiter aufrechtzuerhalten.

Die Überwindung solcher Nachteile wird durch S c h l ü s s e l k o m b i n a t i o n e n versucht.

Die Harmonisierung von Kostenarten und Kostenstellen

Für Vergleiche zwischen großen und kleinen Betrieben ist eine eindeutige Harmonisierung der Kostenarten und der Kostenstellen zweckmäßig[45]).

Das S y s t e m d e r K o s t e n z e n t r e n bildet einen Rahmen, der im konkreten Fall den unterschiedlichen vorliegenden organisatorischen Strukturen angepaßt werden kann. Es handelt sich um ein f l e x i b l e s S y s t e m , das den einzelbetrieblichen Anforderungen gemäß verändert wird.

Je nach der Größe der Betriebe werden für den Einzelhandel im „Standard Expense Center Accounting Manual"[46]) drei Vorschläge für die Gruppierung der Kosten in Kostenzentren unterbreitet:

– Gruppe B: 14 Kostenzentren mit insgesamt 82 Konten,
– Gruppe C: 37 Kostenzentren mit insgesamt 155 Konten,
– Gruppe D: 71 Kostenzentren mit insgesamt 235 Konten.

---

45) Vgl. Tietz, Bruno: Zur Anwendung der Rechnung mit Produktivitäten und Kostenzentren in Handelsbetrieben, in: Zeitschrift für handelswissenschaftliche Forschung, Neue Folge, 12. Jg., 1960, S. 389–416, S. 411–415.
46) Vgl. Standard Expense Center Accounting Manual, Controllers Congress, National Retail Merchants Association, New York, N. Y., 1962 (1. Aufl. 1954).

Die Numerierung der Kostenzentren läßt die Möglichkeit offen, Kombinationen aus den Kontengruppen B, C und D zu wählen. Wenn ein Betrieb eine Kostenzentrenbildung nach Gruppe B als Grundlage wählt, kann ohne Schwierigkeiten für ausgewählte Kostenzentren, deren Gliederung zu grob erscheint, auf stärker differenzierte Kostenzentren der Gruppen C und D zurückgegriffen werden. Zudem kann der Betrieb Verfeinerungen vornehmen, die über den Vorschlag für Gruppe D hinausgehen.

Die mehrdimensionale Kostenstellenrechnung

Man kann die Hauptkostenstellen nur nach einem Kriterium gliedern oder eine mehrdimensionale Kostenstellenrechnung anwenden. Dazu ein Beispiel: Für eine Gruppe von Textilgroßhandlungen wurden

1. die Warengruppen oder Lager,

2. die Touren

als Hauptkostenstellen parallel entwickelt. Die Kosten der allgemeinen Nebenkostenstellen und der beiden Nebenkostenstellen „Einkaufsabteilung" und „Warenanfuhr" wurden den nach Warengruppen gegliederten Hauptkostenstellen zugerechnet. Dem nach Touren aufgebauten Hauptkostenstellensystem wurden die Kostenstellen Fakturenabteilung, Werbung und Fuhrpark zugeordnet. Dadurch wurde ein zweistufiges hintereinandergeschaltetes Kostenstellensystem mit direkter Kostenzurechenbarkeit geschaffen.

12. Die Verfahren der Kostenzuordnung auf Kostenträger

a) Überblick

Die Kostenarten und die Stellenkosten werden auf Kostenträger umgeschichtet. Die bisherigen Ausführungen lassen jedoch erkennen, daß man sich in Marketing und Handel oft auf die Kostenstellen- bzw. Kostenzentrenrechnung beschränkt.

Weite Verbreitung hat hier die auf Warengruppen, Kundengruppen, auch auf Filialen oder Etagen in Filialen bezogene Kostenstellenrechnung.

Die beiden kategorialen K o s t e n z u o r d n u n g s v e r f a h r e n sind:

1. die Vollkostenrechnung,

2. die Teilkostenrechnung[47]).

Bei der V o l l k o s t e n r e c h n u n g werden durch das Kostenüberwälzungsprinzip a l l e K o s t e n auf den Kostenträger verrechnet. Dabei kann jedoch kein unmittelbares Verursachungsprinzip zugrunde gelegt werden. Jede Kostenschlüsselung enthält daher eine empirisch nicht nachweisbare Vision oder normative Vorstellung über die Anteile eines Kostenträgers an fixen Kosten. Diesem

---

47) Man spricht auch von stückweiser Vollkostendeckung und periodenweiser Vollkostendeckung. Vgl. dazu Hasenauer, Rainer: Kostenrechnung im Handel, in: AfH-Mitteilungen, Monatsbericht Sept. 1970, S. 2–10; Monatsbericht Okt. 1970, S. 7–17; Monatsbericht Dez. 1970, S. 6–21, hier Monatsbericht Okt. 1970, S. 7–17, insb. S. 7.

Problem entgeht die T e i l k o s t e n r e c h n u n g , indem sie auf die Zuordnung von f i x e n K o s t e n auf Kostenträger v e r z i c h t e t.

Für die Teilkostenrechnung haben sich daraus zwei Verfahrenstypen entwickelt:

1. die Teilkostenrechnung auf der Basis variabler Kosten, im Falle linearer Kostenverläufe auch Grenzkostenrechnung,

2. die Teilkostenrechnung auf der Basis von Einzelkosten.

N a c h d e r Z u r e c h e n b a r k e i t zu den stückbezogen abgegrenzten Kostenträgern werden Einzelkosten und Gemeinkosten unterschieden.

E i n z e l k o s t e n können den einzelnen Kostenträgern nach dem Verursachungsprinzip direkt zugerechnet werden, im Gegensatz zu den G e m e i n k o s t e n , da hier genaue Maßstäbe über die Beziehungen zwischen verbrauchten Faktoren und den Kostenträgern fehlen. Gemeinkosten lassen sich teilweise einer Kostenträgergruppe, teilweise nur allen Kostenträgern gemeinsam zurechnen.

N a c h d e r A b h ä n g i g k e i t der Kosten hinsichtlich des Einflusses von Änderungen der Beschäftigung werden variable Kosten und fixe Kosten unterschieden.

Die v a r i a b l e n Kosten variieren mit der Veränderung der Leistung bzw. Ausbringung. F i x e K o s t e n sind dadurch gekennzeichnet, daß sie sich bei Änderungen der Beschäftigung und damit des Beschäftigungsgrades innerhalb einer Periode bei einer gegebenen Kapazität nicht ändern. Man kann sie auch als zeitabhängige und beschäftigungsunabhängige Kosten bei gegebener Kapazität des Betriebes bezeichnen.

Einzel- und Gemeinkosten bzw. fixe und variable Kosten weisen Unterschiede auf. So gibt es fixe Kosten, die nur für ein bestimmtes Erzeugnis entstehen, z. B. bestimmte Kosten der Gardinennäherei nur für Gardinen, Löhne für eine Näherin im Zeitlohn. Sie sind im Falle der Einzelkostenrechnung aber dem Kostenträger Gardinen zuzurechnen und somit als Kostenträgereinzelkosten zu bezeichnen. Bei einer klaren Trennung von fixen und variablen Kosten würden diese Kosten zur Aufrechterhaltung der Betriebsbereitschaft nicht dem Kostenträger Gardinen zugeordnet. Die Zeitlöhne der Verkäufer in den einzelnen Filialen tragen für eine Filialabrechnung den Charakter von Einzelkosten. Diese Differenzierungen beruhen auf dem gewählten Zuordnungsprinzip: variable Kosten oder Einzelkosten.

Einfluß hat weiter auch die D e f i n i t i o n d e s K o s t e n t r ä g e r s. So können Auftrag oder Partie als Kostenträger gelten, d. h., man kann ein System einander überschneidender Kostenträgerbegriffe herausstellen, dessen Entscheidungsrelevanz Grundlage der Kosten- und Ergebnisrechnung wird. Man spricht dann nicht nur von zeitfixen Kosten – dies ist die übliche Abgrenzung –, sondern auch von a u f t r a g s f i x e n o d e r p a r t i e f i x e n K o s t e n , dies sogar in zeitunabhängiger Definition.

Um Kosten auf Kostenträger zuordnen zu können, ist die Definition eines K o s t e n t r ä g e r s unabdingbare Voraussetzung. Für die Verteilung der Gemeinkosten ist zudem die Festlegung der B e z u g s g r ö ß e erforderlich. Somit muß bei der Wahl des Kostenzuordnungsverfahrens von gegebenen Kostenträgern ausgegangen werden.

b) Die Vollkostenrechnung

Häufig wird – wie bereits mehrfach erwähnt – jede Schlüsselung von fixen Kosten als falsch bezeichnet[48]. Diese Auffassung stimmt mit der Dispositionsbestimmtheit der fixen Kosten nach Schneider[49] nicht überein, da es nicht schlechthin fixe und variable Kosten gibt. Durch die Aufschlüsselung, die normativen Charakter trägt, wird zumindest verdeutlicht, wie man sich den Beitrag der Erlöse zur Abdeckung der Fixkosten vorstellen kann.

Die Vollkostenrechnung wird daher auch als D u r c h s c h n i t t s k o s t e n r e c h n u n g bezeichnet[50]. Je nach der Schlüsselwahl von Kostenart auf Kostenstelle und von Kostenstelle auf Kostenträger kann ein Produkt ertragreicher oder weniger ertragreich sein als effektiv dargestellt. Auch bei ständiger Verfeinerung der Schlüsselwahl sind die Grenzen der Aussagekraft dieses Verfahrens zu beachten.

Für die Marktpolitik hat die Vollkostenrechnung folgende A n w e n d u n g s g e b i e t e :

1. die Preisfindung, wenn bei neuen Produkten ohne bisherige Marktpreisbildung ein gleichartiges Kostenrechnungsverhalten der Wettbewerber erwartet werden kann,

2. die Preisstellung bei Aufträgen nach dem Kostenerstattungsprinzip, für die oft detaillierte Regeln für die Bewertung der Kostengüter und die Zuschläge gelten,

3. die Preisstellung bei langfristigen Verträgen mit Lieferanten, z. B. bei Zulieferfertigungen in der Automobil- und Elektroindustrie, bei denen der Abnehmer den Zulieferer nicht einem ruinösen Wettbewerb ausliefert, sondern ihm Normalkosten zuzüglich Gewinn erstattet[51].

Die Eignung der Vollkostenrechnung für die Preisfindung hängt davon ab, wie die Wettbewerber kalkulieren, d. h., ob alle nach einem ähnlichen Verfahren vorgehen, u. U. auch den gleichen „Fehler" machen und dadurch auf dem Markt für die Nachfrager ein nur schmales und auf gleichem Niveau liegendes Preisband besteht.

---

48) Vgl. Gümbel, Rudolf; Brauer, Karl M.: Neue Methoden der Erfolgskontrolle und Planung in Lebensmittelfilialbetrieben: Deckungsbeitragsrechnung und mathematische Hilfsmittel, in: Gümbel, Rudolf, u. a. (Hrsg.): Unternehmensforschung im Handel, gdi-Schriftenreihe Nr. 41, Rüschlikon - Zürich 1968, S. 23–52.

49) Vgl. Schneider, Erich: Einführung in die Wirtschaftstheorie, 2. Teil: Wirtschaftspläne und wirtschaftliches Gleichgewicht in der Verkehrswirtschaft, 8. Aufl., Tübingen 1963, S. 98.

50) Vgl. hierzu auch Agthe, Klaus: Stufenweise Fixkostendeckung im System des Direct Costing, in: Zeitschrift für Betriebswirtschaft, 29. Jg., 1959, S. 404–418, hier S. 405; Passardi, Adriano: Kostenrechnung und Kalkulation im gewerblichen Detailhandel, Diss. Bern 1971, S. 31.

51) Vgl. auch Schröter, Klaus: Kostenrechnung und Betriebswirtschaft, in: Refa-Nachrichten, 28. Jg., H. 1, 1975, S. 17–19, hier S. 17.

Die Befürworter der Vollkostenrechnung führen ins Feld, daß nur dadurch deutlich wird, welche Kosten eine Abteilung zu tragen hat und welche Spannen zur Deckung dieser Kosten erzielt werden müssen. Andererseits sind bei Sortiments- und Preisverbund zwischen mehreren Abteilungen Fehlbeurteilungen der Abteilungsleiter möglich.

In den Kostenrechnungsmodellen des Handels wird häufig das Vollkostenkonzept gewählt, bei dem alle Kosten auf die Kostenstellen, die man wie Kostenträger betrachtet, aufgeschlüsselt werden.

Diese Vorgehensweise wird hauptsächlich gewählt, um das Kostenbewußtsein der Kostenstellenleiter zu entwickeln. In der Regel wird dabei durch Proportionalisierung des Fixkostenblocks nach der Höhe des Umsatzes oder des erzielten Bruttoertrages und bei getrennter Abschichtung der direkt zurechenbaren und der Umlagekosten eine Abweichung von einem durchschnittlichen Deckungsbeitrag der Kostenstellen ermittelt, auf die sich die Umlagesätze beziehen. Der Kostenstellenleiter, auf den Kosten umgelegt werden, z. B. der Filialleiter, der mit Kosten der Zentrale belastet wird, erfährt dadurch bei Unterdeckung, wieviel weniger als der Durchschnitt er zur Deckung aller Kosten beiträgt; der Kostenstellenleiter mit Überschuß erhält Informationen darüber, wie hoch sein Beitrag zur Deckung der „Kosten" der Filialen mit Unterdeckung einschließlich des Gewinnbeitrages ist.

Man kann jedoch auch die Auffassung vertreten, daß das Kostenbewußtsein eher entwickelt wird, wenn nur tatsächlich vertretbare Kostenabweichungen herausgestellt werden.

c) Die Teilkostenrechnung

Die Teilkostenrechnung ist als Kostenträgerrechnung konzipiert, wenn die d i - r e k t z u r e c h e n b a r e n K o s t e n , und zwar nur die variablen Einzelkosten oder die variablen Einzelkosten und die variablen Gemeinkosten, v o n d e n E r l ö s e n a b g e z o g e n werden. Die b e s c h ä f t i g u n g s u n a b h ä n g i - g e n Kosten werden als K o s t e n b l o c k verrechnet[52]).

Bei der Deckungsbeitragsrechnung muß man jedoch im Handel mindestens unterscheiden zwischen:

1. dem Artikelkonzept,
2. dem Warengruppenkonzept,
3. dem Betriebskonzept.

Nach der Stufung der Kostenverrechnung auf der Basis der Bezugsgrößen gibt es:

1. die einstufige Deckungsbeitragsrechnung,
2. die mehrstufige Deckungsbeitragsrechnung.

---

52) Nach der Art der einbezogenen Kosten werden – eher theoretisch – vier Kategorien der Deckungsbeitragsrechnung unterschieden, und zwar auf der Grundlage von

1. variablen Einzelkosten,
2. variablen und fixen Einzelkosten,
3. variablen Einzel- und Gemeinkosten,
4. variablen Einzel- und Gemeinkosten und fixen Einzelkosten.

Vgl. Schmitz, Gerhard: Möglichkeiten einer Verbesserung der Kosten- und Leistungsrechnung des Handelsbetriebs mit Hilfe der Deckungsbeitragsrechnung, in: Mitteilungen des Instituts für Handelsforschung an der Universität zu Köln, 26. Jg., 1974, 1. Teil: H. 8, S. 97–103 und S. 108; 2. Teil: H. 9, S. 109–111, hier 1. Teil, S. 98.

(1) Die einfache Deckungsbeitragsrechnung

Bei einer einfachen Deckungsbeitragsrechnung zeigen sich die folgenden Schwächen:

1. Die Inanspruchnahme von zentralen Diensten wird nicht berechnet, so von Fläche oder von Lagerbestand.

2. Der Anteil der fixen Kosten ist oft sehr hoch.

3. Die Höhe des Deckungsbeitrages einer Abteilung gibt nicht an, wann die Gewinnschwelle der Abteilung erreicht wird.

4. Somit gibt es auch keine Anhaltspunkte für die langfristige Auflösung oder Weiterführung der Abteilung, nicht zuletzt aufgrund des nicht erfaßten abteilungsübergreifenden Sortimentsverbundes.

Auf weitere Schwächen der Deckungsbeitragsrechnung hat Dichtl aufmerksam gemacht[53]):

1. die kurzfristige Orientierung des Konzeptes,
2. die Orientierung an einer monistischen Gewinnzielsetzung,
3. der fehlende Bezug zu Marktstrategien,
4. die fehlende Berücksichtigung des Lebenszyklus von Waren oder Warengruppen,
5. die fehlende Beachtung der Ausstrahlungseffekte.

Für die Beurteilung der Deckungsbeiträge ist daher nicht primär die Art und die Höhe der fixen Kosten aufgrund des Faktoreinsatzes, sondern allein deren Markttragfähigkeit maßgebend.

Die Beurteilung der Konsequenzen einer Preisänderung, d. h. einer Herabsetzung oder Heraufsetzung des Deckungsbeitrags je Artikel, setzt die Kenntnis der Preisabsatzfunktion voraus. Die prozentuale Preisänderung entspricht nur in extremen Ausnahmefällen der prozentualen Mengenänderung, und zwar wenn die Preisabsatzfunktion in dem betreffenden Punkt eine Elastizität von 1 aufweist.

<u>Das Fundamentalproblem der Deckungsbeitragsrechnung beruht darauf, wie, d. h. durch welche Produkte oder Produktgruppen, der Fixkostenblock abgedeckt werden kann oder soll.</u>

Hier steckt in jeder Form der Deckungsbeitragsrechnung eine eigene Philosophie.

Wenn ein Deckungsbeitrag nach Aufträgen ermittelt wird, dann sind die den Aufträgen zugerechneten Kosten der Auftragsgewinnung und des Transports zwar auftragsvariabel oder mindestens direkt den Aufträgen zurechenbar, sie bleiben jedoch im Rahmen bestimmter Leistungsintervalle periodenfix. Werden die Preise nun nach der Kostenbelastung der Aufträge gestellt, so sind darin in beträchtlichem Umfang periodenfixe Kostenbestandteile enthalten. Bei Verzicht auf solche Aufträge, die nicht die vollen Auftragskosten decken, wird u. U. auf periodenbezogene Deckungsbeiträge verzichtet.

---

53) Vgl. Dichtl, Erwin: Grenzen der Deckungsbeitragsrechnung, in: Böcker, Franz; Dichtl, Erwin (Hrsg.): Erfolgskontrolle im Marketing, Schriften zum Marketing, Bd. 1, Berlin 1975, S. 73–80, insb. S. 74 ff.

Bei einer k u n d e n b e z o g e n e n D e c k u n g s b e i t r a g s r e c h n u n g für
bestimmte Perioden wird dagegen ermittelt, welchen Deckungsbeitrag ein Kunde
je Periode bringt. Wenn die Fuhrparkkapazitäten als fix gelten, ist es unerheblich,
ob ein Deckungsbeitrag durch viele kleine Aufträge oder durch wenige große Aufträge entsteht. Nach diesem Konzept gelten Kunden mit sehr unterschiedlichen
Aufträgen als gleichwertig. Je nach der Auftragszusammensetzung kann bei unterschiedlichen Handelsspannen der Kunde mit vielen kleinen Aufträgen u. U. günsti-
ger zu beurteilen sein als der Kunde mit wenigen großen Aufträgen.

Bei einer W a r e n g r u p p e n b e t r a c h t u n g d e r D e c k u n g s b e i t r ä g e
wird man dazu neigen, die Warengruppen mit geringen absoluten Bruttoerträgen
zurückzudrängen. Nun kann sich jedoch zeigen, daß die Art der Warengruppen-
abgrenzung nicht nachfrageadäquat ist, so daß bei einer Kunden- oder Auftrags-
betrachtung stets Waren mit unterschiedlich hohen Deckungsbeiträgen kombiniert
auftreten.

Probleme der Deckungsbeitragsrechnung ergeben sich bei sachlich verschobenen
Aktivitäten und Kostenstellen. Im Handel werden die Warengruppen als Kostenstellen nach Verkaufsgesichtspunkten gegliedert. Der Einkauf folgt in seiner sachlichen Gliederung anderen Kriterien.

Daher kann es im Handel zweckmäßig sein, eine S p a l t u n g d e r D e k -
k u n g s b e i t r a g s h i e r a r c h i e für die Bereiche Einkauf und Verkauf vorzunehmen, wie Abbildung 1 zeigt.

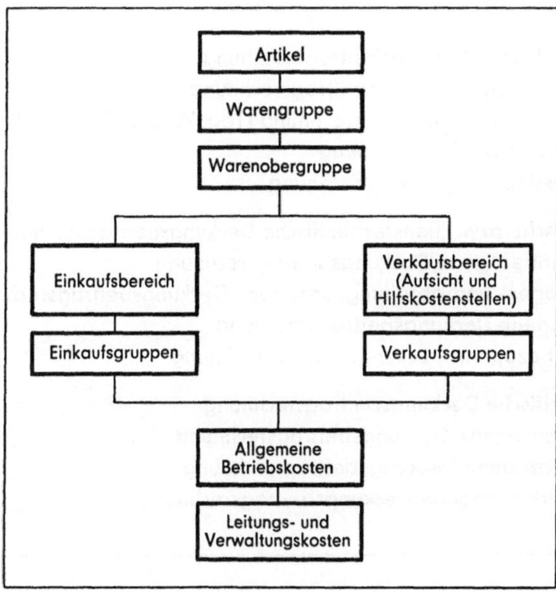

Abb. 1: Die Deckungsbeitragshierarchie mit gespaltenen Stufen

Im Falle einer unterschiedlichen Ein- und Verkaufsorganisation bieten sich zwei Lösungen an:

1. die Schlüsselung der variablen Einzelkosten,

2. die Berücksichtigung der variablen Einzelkosten auf einer Stufe der Rechnung, in der eine Schlüsselung nicht mehr erforderlich ist.

(2) Mehrdimensionale Deckungsbeitragsrechnungen

Tabelle 5 enthält ein Beispiel für multidimensionale Deckungsbeitragsrechnungen, mit deren Hilfe der gleiche Tatbestand durch unterschiedliche Bezugsgrößensysteme und damit Deckungsbeiträge betrachtet wird.

I. Bereichsspezifische Deckungsbeitragsrechnung
  1. Marketingorientierte Deckungsbeitragsrechnung (Merchandising-Konzept)
    a) Sektorale Gliederung
      (1) Beschaffungsbezogene Deckungsbeitragsrechnung
      (2) Absatzbezogene Deckungsbeitragsrechnung
    b) Programmorientierte Gliederung
      (1) Warenprogramm
      (2) Diensteprogramm
  2. Distributionsorientierte Deckungsbeitragsrechnung (Operating-Konzept)
    a) Warenprozeßbezogene Deckungsbeitragsrechnung
    b) Belegprozeßbezogene Deckungsbeitragsrechnung
  3. Finanzorientierte Deckungsbeitragsrechnung

II. Periodenspezifische Deckungsbeitragsrechnung
  1. Auftragsbezogene Deckungsbeitragsrechnung
  2. Kurzfristige Deckungsbeitragsrechnung (Tag, Woche, Dekade, Monat, Saison)
  3. Jahresdeckungsbeitragsrechnung
  4. Mehrjahresdeckungsbeitragsrechnung

III. Warenspezifische bzw. dienstespezifische Deckungsbeitragsrechnung
  1. Warenartenbezogene Deckungsbeitragsrechnung
  2. Warengruppen- und abteilungsbezogene Deckungsbeitragsrechnung
  3. Partiebezogene Deckungsbeitragsrechnung
  4. Programmbezogene Deckungsbeitragsrechnung

IV. Regionalspezifische Deckungsbeitragsrechnung
  1. Ortsmarktbezogene Deckungsbeitragsrechnung
  2. Teilmarktbezogene Deckungsbeitragsrechnung
  3. Gesamtmarktbezogene Deckungsbeitragsrechnung

Tab. 5: Ausgewählte Konzepte der multidimensionalen
Deckungsbeitragsrechnung

d) Das Verursachungs- und das Tragfähigkeitsprinzip

Bei Beachtung des V e r u r s a c h u n g s p r i n z i p s ist nur eine Zurechnung der variablen Kosten auf die Kostenträger möglich. Bei der verursachungsgemäßen Kostenverrechnung in Marketing und Handel kann einmal die indirekte Methode der Kostenverrechnung durch Einschaltung von Kostenstellen und zum anderen die direkte Verrechnung vom Einstandspreis zum Verkaufspreis angewendet werden.

Das Verursachungsprinzip kann d u r c h d a s V e r a n t w o r t u n g s p r i n z i p e r g ä n z t werden. Danach wäre der Kostenstelle bzw. dem Kostenträger nur der Teil der Kosten zuzurechnen, den die Führungskräfte für die jeweiligen Bereiche tatsächlich beeinflussen können. So können Mietwerte im Einzelhandel zwar für die Abteilungsmindestgröße, die zur Aufrechterhaltung der Funktionsfähigkeit im Einzelhandel erforderlich ist, zugerechnet werden, nicht jedoch für die darüber hinausgehende Fläche, wenn der Abteilungsleiter nicht selbst über die Flächengröße entscheiden kann. Ähnliches gilt für die Kosten der Schaufenster und der Dekoration. Aufgrund der Leistungsabhängigkeit einzelner Kostenkategorien wird die Feststellung der Kostenverantwortlichkeit erschwert.

Schwieriger als die Kostenverantwortung ist die L e i s t u n g s - o d e r E r g e b - n i s v e r a n t w o r t u n g zu definieren. Diese muß im einzelnen festgestellt werden, da Ergebnisabweichungen auf nicht beeinflußbare Marktgegebenheiten zurückzuführen sind oder auf Maßnahmen der zuständigen Führungskräfte.

Das Gegenprinzip zum Verursachungsprinzip geht vom Markt aus und wird als K o s t e n t r a g f ä h i g k e i t s p r i n z i p bezeichnet. Dieses ist nicht mehr und nicht weniger als die Beachtung einer bestimmten Preisstrategie, mit deren Hilfe versucht wird, einen bestimmten Fixkostenbetrag abzudecken.

Auch das Prinzip des kalkulatorischen Ausgleichs – man spricht auch von Ausgleichs- oder K o m p e n s a t i o n s k a l k u l a t i o n – ist eine Sonderform des Kostentragfähigkeitsprinzip[54]. Diese weitverbreitete Form der Preisstellung und damit auch die sie begründende Kalkulation strebt – wie die Bezeichnung sagt – bei Deckung der vollen Kosten nach einem Ausgleich zwischen mindestens zwei unterschiedlichen Artikeln. Während ein Artikel einen vergleichsweise hohen Preis „trägt", wird ein anderer unter Kosten, u. U. auch unter Einstandspreis, abgesetzt. Der Ausgleich erfolgt durch eine bestimmte Absatzproportion beider Artikel beim Absatz an gleiche oder an unterschiedliche Kunden.

Eine flexible Preisgestaltung wird durch die Erfassung der f i x e n K o s t e n i n e i n e m B l o c k , d. h. durch das Teilkostendenken, erleichtert.

Man muß stets beachten, daß das Tragfähigkeitsprinzip nicht an den Kosten für den jeweiligen Artikel ausgerichtet ist. Das Tragfähigkeitsprinzip ist ein e r f o l g s - o r i e n t i e r t e s R e c h e n k o n z e p t .

---

54) Vgl. Tietz, Bruno: Die Grundlagen des Marketing, 2. Bd.: Die Marketing-Politik, München 1975, S. 953.

Konsequenterweise dürfte hier nur die Form der Kalkulation erwähnt werden, die sich ausschließlich an den Kosten orientiert. Auf die leistungs- und erlösorientierte Kalkulation ist bei der Darstellung der Erfolgskategorien hinzuweisen.

Im Handel ist ganz überwiegend die Kostentragfähigkeitskalkulation vorherrschend. Die Kosten bilden nur grobe Anhaltspunkte für die erforderliche Handelsspanne. Somit wird der Preis bei Kenntnis der Nachfragebedingungen im Handel eher durch die periodenbezogene Kosten- und Ergebnispolitik als durch die stückbezogene Kalkulationspolitik bestimmt.

Die Kalkulation des Angebotspreises als Kostenpreis kann in einem marktwirtschaftlichen System, das durch Preisbildung aufgrund von Angebot und Nachfrage gekennzeichnet ist, Gewinneinbußen oder Verluste zur Folge haben.

Der Beitrag der Kalkulation zur Marktpreisbildung ist – abgesehen von öffentlichen Aufträgen, für die Kalkulationsvorschriften bestehen – dann umstritten, wenn man von einer kostenabhängigen Preisbildung ausgeht[55]).

Man kann jedoch auch einen kalkulierten und einen erreichbaren Marktpreis betrachten. Oft gibt es im Markt obere Preisschwellen, die für ein Produkt nicht überschritten werden können. In diesem Falle trägt die Kalkulation dazu bei, die Entscheidung über Herstellung bzw. Aufnahme in das Sortiment zu erleichtern. Die Kalkulation bildet auch die Grundlage für die preisorientierte Qualitätssteuerung von Waren, vor allem die Qualitätsanpassung an Maximalpreise. Im übrigen zeigt sich die Gesetzmäßigkeit, daß sich das Qualitätsbewußtsein und die Preistragfähigkeit im Zeitablauf beträchtlich ändern. Die zuverlässige Einschätzung dieser Veränderungen ist ein zentraler Schlüssel für den unternehmerischen Erfolg. Die Überprüfung der kostenmäßigen Bewältigung solcher Wandlungen erfolgt durch die Kalkulation.

Bei der Beschaffungspolitik von Waren wird nach dem niedrigstmöglichen Marktverwertungspreis einer Ware gefragt. Dies ist ein neuartiges Konzept. Während früher in Handelsbetrieben oft nach dem niedrigsten Beschaffungspreis oder nach dem niedrigsten Einstandspreis einer Ware gefragt wurde, tritt heute das Konzept des Marktverwertungspreises in den Vordergrund.

Der Marktverwertungspreis kennzeichnet den Preis unter Einbeziehung aller Manipulationsleistungen bis zu einem einheitlich festgelegten Punkt im Unternehmen; dies kann die verwertungsfähige Auflagernahme oder die Ausstellung am Verkaufspunkt sein.

Als typisches Beispiel sei die Verpackung der Waren erwähnt. Der Einstandspreis einer verpackten oder unverpackten Ware ist keine geeignete Vergleichsgrundlage. Daher werden zur Feststellung des Marktverwertungspreises etwaige interne

---

55) Kalkulationsziele sind nach Kilger dann konsequenterweise nur:
1. die Erfolgskontrolle,
2. die Bewertung von Halb- und Fertigfabrikatebeständen,
3. die Bereitstellung von Kostendaten für Planungsmodelle zur Bestimmung optimaler Fertigungs- und Verkaufsprogramme.
Vgl. Kilger, Wolfgang: Flexible Plankostenrechnung, 5. Aufl., Köln - Opladen 1972, S. 579.

Verpackungskosten und sonstige Manipulationskosten im Vergleich zu Angeboten, die diese Leistungen bereits enthalten, mit berücksichtigt.

Zusammenfassend sei festgehalten, daß die Kosten- und Leistungsrechnung im allgemeinen und die Kalkulation im besonderen in ihrer klassischen Form nur bedingt dazu beitragen können, Marktentscheidungen zu erleichtern.

e) Die Abschlags- und Aufschlagsrechnungen

Alle Kalkulationsverfahren beruhen auf Rechnungen, die vom Verkaufspreis ausgehen und dann die Kosten als einfache oder differenzierte Abschläge ermitteln, oder auf Aufschlagsrechnungen, bei denen von einem Einstands- bzw. Herstellpreis ausgegangen wird, dem die Kosten als einfache oder differenzierte Aufschläge zugerechnet werden. Man spricht auch von

1. der progressiven Kalkulation nach dem Konzept „von unten nach oben",
2. der retrograden Kalkulation nach dem Konzept „von oben nach unten".

Einen Überblick über die progressive und die retrograde Kalkulation sowie die Differenzkalkulation vermittelt Tabelle 6.

Kalkulationsaufbau \ Kalkulationsarten	Progressive			Retrograde			Differenz-kalkulation
	Gesamt-kalkulation	Bezugs-kalkulation	Absatz-kalkulation	Gesamt-kalkulation	Bezugs-kalkulation	Absatz-kalkulation	
Einkaufspreis	= be-kannt	= be-kannt		= ge-sucht	= ge-sucht		= bekannt
+ *Bezugskosten*	+	÷		—	—		+
= Bezugswert		= ge-sucht	= be-kannt		= be-kannt	= ge-sucht	
+ interne Kosten	+		÷	—		—	Differenz gesucht
+ *Absatzkosten*	+		⊥	—		—	—
= Selbstkosten							
+ *kalkul. Gewinn*	+		÷	—		—	—
= Selbstkostenpreis	= ge-sucht		= ge-sucht	= be-kannt		= be-kannt	= bekannt

Tab. 6: Die Kalkulationsverfahren[56]

Bei der **p r o g r e s s i v e n   K a l k u l a t i o n** wird ermittelt, welcher Preis gestellt werden muß, wenn ein bestimmter Einkaufspreis und bestimmte Kosten gegeben sind und eine bestimmte Gewinnerwartung realisiert werden soll. Bei der **r e t r o - g r a d e n   K a l k u l a t i o n** wird dagegen von einem gegebenen Verkaufspreis auf einen möglichen, noch vertretbaren Einkaufspreis zurückgerechnet. Bei der **D i f f e r e n z k a l k u l a t i o n** sind sowohl der Einkaufspreis als auch der Ver-

---

kaufspreis der Ware gegeben. Als Differenz ist der höchstmögliche Beitrag zur Deckung der Kosten für die betriebseigenen Leistungen gesucht. In diesem Falle würde das Marketingprogramm nach dieser Differenz ausgerichtet.

Bei retrograden Rechnungen ist im allgemeinen die Wahl von in Prozenten ausgedrückten Abschlägen von jeweils der gleichen Basis oder von unterschiedlichen Basen, d. h. der jeweils verminderten Basis, üblich, z. B. 25 % Wiederverkaufsrabatt, 10 % Vorzugsrabatt und bei Zahlung innerhalb von 30 Tagen 2 % Skonto.

Bei Abschlägen von der gleichen Basis wie auch bei Abschlägen von der jeweils verminderten Basis ist die Reihenfolge der Rechenoperationen gleichgültig.

Bei Rechnung mit der gleichen Basis gilt:

(1) $p_n = p_b \, [1 - (r_1 + r_2 + r_3)]$

Bei Rechnung mit der jeweils verminderten Basis gilt:

(2) $p_n = p_b \, [(1 - r_1) \, (1 - r_2) \, (1 - r_3)]$

Für Aufschläge bei der progressiven Kalkulation gilt entsprechend:

(3) $p_b = p_n \, [1 + (r_1 + r_2 + r_3)]$

(4) $p_b = p_n \, [(1 + r_1) \, (1 + r_2) \, (1 + r_3)]$

Dabei bedeutet:

p_n = Nettopreis,

p_b = Bruttopreis,

r_i = Auf- bzw. Abschlagsart ($i = 1, 2, 3$).

(1) Das Brutto- und das Nettopreissystem

Die retrograde oder progressive Kalkulation weist Parallelen zum Brutto- und Nettopreissystem auf.

Beim Bruttopreissystem wird der Einkauf des Handels retrograd von einem angenommenen Verkaufspreis zurückgerechnet. Die Anwendung dieses Verfahrens der Kalkulation ist nach dem Wegfall der Preisbindung der zweiten Hand rückläufig. Die Begründung der Bruttorechnung war primär preispolitisch orientiert, so einheitliches Preisbild, Kalkulationsstütze für Kunden, Sicherung angemessener Handelsspannen der Abnehmer. Vor allem durch den Strukturwandel im Groß- und Einzelhandel ging die Bedeutung des Funktionsrabatts im Großhandel und damit eine wichtige Verankerung des Bruttopreissystems verloren.

Durch das Nettopreissystem wird das Rabattdenken abgebaut. Außerdem wird die Kalkulation nach der Tragfähigkeit gefördert.

Als Mischform ist das Cost-plus-System zu erwähnen, bei dem leistungsabhängige Zuschläge auf Nettopreise berechnet werden.

(2) Die Divisions- und die Zuschlagsrechnung

Als klassische Kalkulationsverfahren gelten:

1. die Divisionskalkulation,
2. die Äquivalenzziffernkalkulation,
3. die Zuschlagskalkulation.

Die Aufschlags- und die Abschlagsrechnung finden auch in den klassischen Grundkalkulationsarten ihren Ausdruck.

Die Divisions- und die Äquivalenzziffernrechnung sind retrograd, die Zuschlagskalkulation ist progressiv orientiert. Bei den beiden erstgenannten Verfahren wird vom Vollkostenkonzept ausgegangen, beim letztgenannten Verfahren sind Voll- und Teilkostenrechnung möglich.

Während der Divisions- und Äquivalenzziffernrechnung das Konzept der direkten Zurechnung der Kosten auf den Kostenträger zugrunde liegt, beruht die Zuschlagsrechnung im allgemeinen auf der Abrufung von Kosten aus Kostenstellen.

Die Kalkulation mit e i n h e i t l i c h e n H a n d e l s s p a n n e n entspricht der Divisionskalkulation. Theoretisch können u n t e r s c h i e d l i c h e H a n d e l s s p a n n e n oder auch Kostenaufschläge nach dem Cost-plus-System sowohl durch Äquivalenz- als auch durch Zuschlagskalkulation begründet sein. Letztlich geht es dabei um einen Ausgleich der mit dem Lagerumschlag gewogenen Handelsspanne. Dabei besteht die Tendenz, die Preise von Langsamdrehern eher anzuheben, die von Schnelldrehern dagegen zu senken.

Im Handel beruhen retrograde wie progressive Kalkulation zum Zweck der Preisfindung auf mehr oder minder groben Kosten- und Gewinnschätzungen. Eine kostenbezogene Stückkalkulation ist weder als Vorkalkulation noch als Nachkalkulation systematisch entwickelt. Beachtliche Verbreitung hat dagegen eine erfolgsorientierte Kalkulation der Differenz zwischen dem erzielten Preis und dem kalkulierten Preis.

13. Die Erfolgsarten, die Erfolgsstellen und die Erfolgsträger

a) Der Überblick

Das Gegenkonzept zu einer faktoreinsatzorientierten Kosten- und Leistungsrechnung besteht in einer m a r k t o r i e n t i e r t e n E r l ö s - o d e r E r f o l g s r e c h n u n g. Man fragt in diesem Falle nach den Kosten für Erfolgsarten, Erfolgsstellen und Erfolgsträger.

Dieser Denkansatz ist im Marketing der Industrie und im Handel keineswegs unüblich, wie auch bereits bei der Zieldiskussion für die Kosten- und Leistungsrechnung nachgewiesen wurde. Man versucht, das betriebliche Geschehen vom Markt aus zu gestalten.

Die Konditionenpolitik in Marketing und Handel mit einer unübersehbaren Fülle von Preisnachlässen, Boni und Rabatten auf Grundpreise ist eine D i f f e r e n - z i e r u n g nach

1. den Marktstrategien als Erfolgsarten,
2. den Teilmärkten, Marktsegmenten oder Kundengruppen als Erfolgsstellen,
3. den einzelnen Kunden als Erfolgsträgern.

Es ist bisher unüblich, die Gliederung der Erfolge entsprechend der Differenzierung der Kosten nach Arten, Stellen und Trägern vorzunehmen. Mindestens bei der Darstellung der Kalkulation wurde jedoch deutlich, daß die Leistungseinheiten nicht nur Kosten-, sondern auch Erfolgsträger darstellen. Nun kann es zweckmäßig sein, die Erfolgsgrößen infolge ihres unmittelbaren Marktbezuges anders zu definieren als die begrifflich korrespondierenden Kostengrößen. Insofern besteht sachlich keine zwingende Spiegelbildlichkeit. Kostenträger sind L e i s t u n g s e i n h e i - t e n , für deren marktgerechte Bereitstellung Kosten aufgewendet werden müssen. Sie sind gleichzeitig auch E r f o l g s t r ä g e r , z. B. als einzelne Produkte oder nachgefragte Warenkörbe. Häufig ist nicht das einzelne Produkt Erfolgsträger, sondern man kann einzelne Kunden oder Kundengruppen als Erfolgsträger bezeichnen.

b) Die Erfolgsarten

Erfolgsarten können auf der Basis der eingesetzten Marktinstrumente definiert werden. So gibt es Preiserfolge, Werbeerfolge und Außendiensterfolge.

<u>Im Gegensatz zu den Kostenarten, die auf der Basis der eingesetzten betrieblichen Faktoren vergleichsweise einfach abzugrenzen sind, hat man es bei den Erfolgsarten oft auch bereits mit einem Effekt aus dem Einsatz mehrerer Instrumente zu tun. Daher erscheint es zweckmäßiger, davon auszugehen, daß Erfolgsarten auf den e i n g e s e t z t e n S t r a t e g i e n beruhen. Jede Strategie im Sinne eines Instrumentalmix bestimmt den Gesamterfolg. Die Veränderung der Strategie führt zu Variationen des Erfolges.</u>

So kann man als Erfolgsarten eine Diskont- oder Normalpreisstrategie bezeichnen, auch das unterschiedliche Angebot von Verkauf und Vermietung von Waren bzw. von Hauszustellung und Abholung. Weiter kann der mit Hilfe einer bestimmten Absatzstrategie erzielte Umsatz als eine Erfolgsart aufgefaßt werden.

So bezeichnet Kilz als Erlösarten, d. h. Erfolgsarten, die positiven und negativen Preisbestandteile, aus denen sich der Gesamterlös eines Auftrages, einer Verkaufseinheit, einer Periode zusammensetzt. Die Gliederung der Erlösarten entspricht dem Aufbau der Preislisten: Zu den p o s i t i v e n P r e i s b e s t a n d t e i l e n gehören die Erlöse für Produkte in Normalausführung, der Mehrerlös für Sonderausführungen und der Erlös von frachtfreier Anlieferung. Die n e g a t i v e n P r e i s b e s t a n d t e i l e umfassen Erlösminderungen und Erlösberichtigungen[57]).

---

57) Vgl. Kilz, Karlernst: Das betriebliche Rechnungswesen der Eisen- und Stahlindustrie, in: Jacob, Herbert (Hrsg.): Einsatz der Kostenrechnung in der Unternehmung, Schriften zur Unternehmensführung, Bd. 23, Wiesbaden 1977, S. 5–34, hier S. 29.

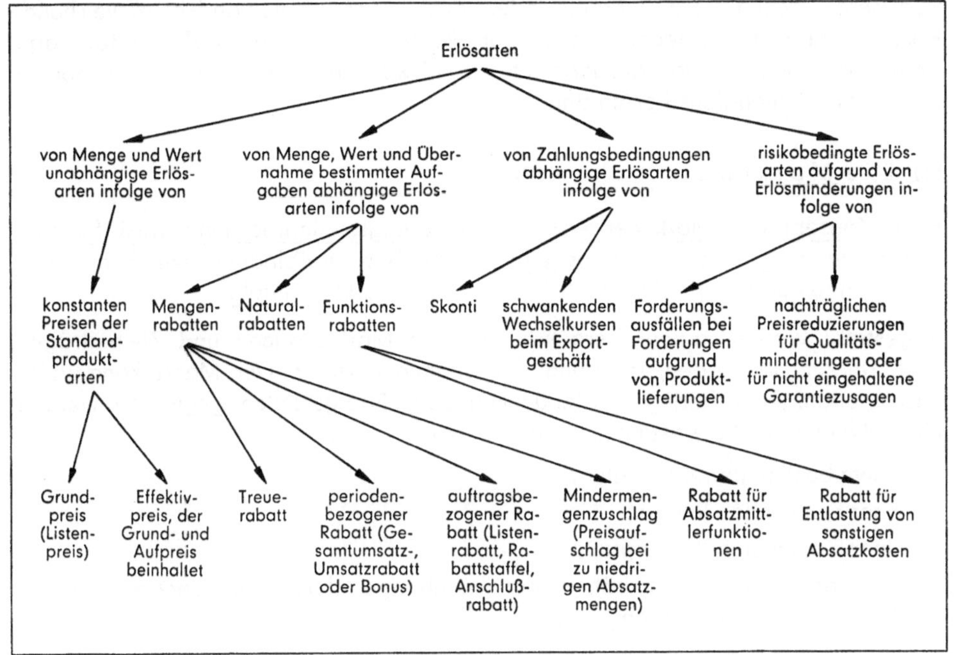

Abb. 2: Ein System von Erfolgsarten

Auch die Untersuchungen von Männel[58]) sind weitgehend als eine Erfolgsartenanalyse aufzufassen.

In jedem Betrieb ist für jede vermarktbare Leistung ein Preis zu stellen und mindestens die Kostenkonsequenz dieser Preisstellung zu überprüfen. In Handelsbetrieben wird – wie erwähnt – auf eine genaue Ermittlung der Kosten für die einzelne Ware oft verzichtet, weil sich unterschiedliche Zurechnungskriterien überschneiden. Üblich ist dagegen oft eine sehr sorgfältige D i f f e r e n z i e r u n g eines minimalgewählten Basispreises n a c h E r f o l g s a r t e n. Bei dieser Differenzierung werden auch die Kosten für die Strategieabweichungen oder für die nicht beanspruchten Strategien zu erfassen versucht.

c) Die Erfolgsstellen

Bei den Erfolgsstellen werden Erlöse nach Marktähnlichkeit zusammengefaßt. So werden von Handelsbetrieben, die gleicherweise Groß- und Einzelhandel betreiben, zunächst diese beiden Kundengruppen als Erfolgsstellen herangezogen. Ein Großhandelsbetrieb mit Investitionsgütern wird seine Kunden nach Kriterien der Marktähnlichkeit in bestimmte Handwerks- und Industriebereiche zerlegen, weil in diesen Gruppen unterschiedliche Preise erzielbar sind, oft unterschiedliche

58) Vgl. Männel, Wolfgang: Erlösschmälerungen, Wiesbaden 1975; Männel, Wolfgang: Mengenrabatte in der entscheidungsorientierten Erlösrechnung, Opladen 1974; Männel, Wolfgang: Preisobergrenzen im Einkauf, Opladen 1975; vgl. auch Laßmann, Gert: Gestaltungsformen der Kosten- und Erlösrechnung im Hinblick auf Planungs- und Kontrollaufgaben, in: Die Wirtschaftsprüfung, 26. Jg., 1973, S. 4–17, hier S. 9.

Sortimente nachgefragt werden oder auch stark voneinander abweichende Kostensituationen vorliegen. So mögen bestimmte Kunden auf Großaufträge, andere auf Kleinaufträge ausgerichtet sein, obwohl in beiden Fällen etwa absolut gleich hohe Außendienstkosten anfallen.

(1) Die Marktwertrechnung

Beim Konzept der Marktwertrechnung als Erfolgsstellenrechnung wird für festgelegte vermarktbare Leistungen eine unmittelbare Verbindung zwischen Marktbedingungen und betrieblicher Effizienz auf dem Markt ermittelt.

Angestrebt wird u. a. ein Vergleich zwischen Marktchancen und Zielbeiträgen, z. B. Deckungsbeiträgen, aufgrund der Chancennutzung. Der Markt kann dabei nach vielfältigen Kriterien in Marktzellen oder Erfolgsstellen gegliedert werden. Eine Marktzelle besteht z. B. aus

— einem bestimmten Kundentyp,

— einer bestimmten Region,

— einer bestimmten Warengruppe,

— einer bestimmten Intensität, in der Angehörige gleicher Kundengruppen eine Warengruppe nachfragen.

Für jede nach einem oder mehreren Merkmalen definierte Marktzelle läßt sich die Marktbedeutung z. B. mit Hilfe von Marktanteilen oder Deckungsbeiträgen ermitteln. Man kann auch Deckungsbeitragsbudgetierungen und -simulationen vornehmen. So können für die einzelnen Marktzellen die Vor- und Nachteile einer Sonderaktionsstrategie oder einer Verstärkung des Außendienstes ermittelt werden.

Durch eine dynamische Marktwertrechnung wird angestrebt, die Marktstruktur- und die Kostenstrukturwandlungen in den Marktzellen im Zeitablauf zu erfassen, um die Marketingaktivitäten von an Bedeutung verlierenden Zellen in zukunftsträchtige Zellen zu steuern. Letztlich handelt es sich um ein Bemühen, segmentspezifische Marktwirkungsfunktionen mit der Kostenrechnung zu verknüpfen.

(2) Die mehrdimensionale Erfolgsstellenrechnung

Nicht zuletzt können Erfolgsstellenrechnungen für unterschiedliche Bezugsgrößen aufgestellt werden, z. B. nach Kunden, Warengruppen oder Touren.

Neben der Absatzorientierung ist auch eine Beschaffungsorientierung der Erfolgsstellenrechnung möglich, bei der z. B. Herkunftsgebiete bei Importen oder Lieferanten als Bezugsgrößen gewählt werden.

d) Die Erfolgsträger

Bei der Erfolgsträgerrechnung ist die Festlegung der jeweils relevanten Trägergröße entscheidend für die Leistungsfähigkeit des Rechenwerkes. Bei den wenigen

Ansätzen zur Definition von Erfolgsträgern werden im allgemeinen die Erzeugnisse selbst oder auch Aufträge herangezogen[59]).

Zweckmäßig scheint jedoch eine konsequente Abkehr vom Prozeß der betrieblichen Kostenerstellung und ein Übergang auf das Marktdenken. Unter diesem Aspekt sind M a r k t g r ö ß e n   a l s   E r f o l g s t r ä g e r zu definieren; sie sind das tragende Erfolgszuordnungskriterium.

Dabei kann man zwischen e x t e r n e n   T r ä g e r g r ö ß e n , z. B. Bruttoinlandsprodukt, Zahl der Einwohner, Gesamtnachfrage bzw. -angebot der Branche oder übergeordneter Branchengruppen, Zahl der Pkw, Zahl der potentiellen Kunden, und i n t e r n e n   T r ä g e r g r ö ß e n , z. B. Zahl der Aufträge oder Zahl der effektiven Kunden, unterscheiden.

Im Gegensatz zur Industrie ist im Handel nicht die Fertigungskapazität, sondern die M a r k t k a p a z i t ä t   d e r   E n g p a ß für die Leistungsabgabe. Aus diesem Grunde wird auch versucht, für unterschiedliche Erfolgsarten im Sinne von Marktstrategien Erfolge nach Erfolgsstellen, z. B. Kundengruppen, unter Anbindung an Nachfrage- und Konkurrenzgrößen, und nach außerbetrieblich definierten Erfolgsträgern zu planen und zu kontrollieren. Durch diese Betrachtungsweise ist es möglich, eine marktorientierte Begründung für die vielfältigen Preisdifferenzen bei gleicher Leistung zu geben.

Als eine Möglichkeit zur Weiterentwicklung der Erfolgsträgerrechnung, vor allem im Rahmen der kurzfristigen Erfolgsrechnung, wird die k u n d e n b e z o g e n e   W a r e n k o r b r e c h n u n g angesehen. Sie geht von den Käufen eines Kunden je Besuch oder je Periode in einem Einzelhandelsgeschäft aus und dürfte Ansatzpunkte zur besseren Erfassung der Sortimentskomplementarität bieten. Erfaßt werden die Warenarten und Bruttoerträge je Kunde. Voraussetzungen dafür sind die EDV-gesteuerten Kassenterminals und die Anwendung von Kundennummern. Dadurch ist auch die Anbindung der Warenkorbrechnung an Marktmerkmale der Kunden auf der Basis von Kundendaten möglich, die aus der Kundennummer entwickelt werden können.

e) Zur Verknüpfung von Kosten- und Erfolgskomponenten

Durch die Heranziehung externer effektiver oder potentieller Erfolgsträger, die z. B. regional Unterschiede aufweisen können und sich auch im Zeitablauf unterschiedlich entwickeln, wird die Eigenleistung von der davon unabhängigen Marktdynamik getrennt. Wenn in einer Region die Bevölkerung als zentraler Erfolgsträger stark wächst oder rückläufig ist, sind die Umsatzveränderungen in diesen Regionen unter hier vereinfachend angenommenen gleichen Konkurrenzbedingungen unterschiedlich zu beurteilen. Während bei wachsender Bevölkerung die Chancen zunehmen und damit auch die Marketingkosten bzw. -aktivitäten eher gering sein dürften, ist bei Bevölkerungsabnahme eine Stagnation oder ein Halten des Umsatzes üblicherweise mit größeren Marketingkosten und Marktaktivitäten verbunden. Durch die Einbeziehung von Erfolgskomponenten ergibt sich eine bes-

---

59) Vgl. Kloock, Josef; Sieben, Günter; Schildbach, Thomas: Kosten- und Leistungsrechnung, Tübingen - Düsseldorf 1976, S. 145.

sere Möglichkeit zur Beurteilung der Leistung des betrachteten Unternehmens. Aus dieser Betrachtung ergeben sich auch zusätzliche Anregungen für die Kostenbudgetierung einschließlich von Leistungsvergütungen, z. B. im Bereich der Außendienstmitarbeiter, und für die Kostenkontrolle.

Als Kennzahlen seien z. B. erwähnt:

$$\frac{\text{Umsatz}}{\text{Marktgröße}} \; ; \quad \frac{\text{Kosten}}{\text{Marktgröße}} \; ; \quad \frac{\text{Deckungsbeitrag}}{\text{Marktgröße}} \; .$$

Diese Überlegungen zeigen eine S t a n d a r d i s i e r u n g der Input- und Outputgrößen m i t H i l f e v o n M a r k t g r ö ß e n.

In großen Unternehmen wird man w a r e n g r u p p e n s p e z i f i s c h e Marktgrößen wählen. Auch k o m b i n i e r t e Marktgrößen lassen sich einsetzen, z. B. der Pkw- und Werkstattbesatz zur Verbesserung der regionalen Feingliederung beim Absatz von Pkw-Ersatzteilen.

Die Selektion der g e e i g n e t e n M a r k t g r ö ß e – u. U. mit Hilfe von Simulationsrechnungen – ist die wichtigste Grundlage einer marktorientierten Weiterentwicklung der Kosten- und Ergebnisrechnung.

Auf die Einbeziehung von Marktgrößen in die Marketingkontrolle wurde in jüngster Zeit auch von anderen Seiten hingewiesen[60]).

14. Die Erfolgsbewertung

Vergleichbar der Kostenbewertung lassen sich auch unterschiedliche Konzepte der Erfolgsbewertung herausstellen. So liegt es nahe, auch zwei Erfolgsbegriffe zu unterscheiden:

1. den zahlungsbezogenen oder p a g a t o r i s c h e n Erfolgsbegriff,
2. den wertbezogenen oder k a l k u l a t o r i s c h e n Erfolgsbegriff.

Durch kalkulatorische Erfolgsgrößen wird eine bessere Bezugsbasis zu den Kosten geschaffen. So kann man für interne Zwecke bei komplizierten und langfristigen Geschäftsanbahnungen den erfolgreichen Geschäftsabschluß als Erfolgskomponente ansehen, der bereits ein Teil des Erfolges zugeschrieben wird. In solchen Fällen bietet sich an, den Stand der Verhandlungen auf der Basis von A b s c h l u ß w a h r s c h e i n l i c h k e i t e n zu bewerten. Es handelt sich hier um das Problem der Bewertung synallagmatischer Verträge, d. h. schwebender Geschäfte.

---

60) Vgl. Kaiser, Andreas: Die Erfolgsträchtigkeit von Märkten, in: Böcker, Franz; Dichtl, Erwin (Hrsg.): Erfolgskontrolle im Marketing, Schriften zum Marketing, Bd. 1, Berlin 1975, S. 83–100; Greipl, Erich: Bestimmung und Würdigung von Marktanteilen, in: Böcker, Franz; Dichtl, Erwin (Hrsg.): Erfolgskontrolle im Marketing, Schriften zum Marketing, Bd. 1, Berlin 1975, S. 101–115.

Auch die effektiv erzielten Auftragsabschlüsse, die noch nicht zu einer Produktion bzw. Auslieferung geführt haben, können erfolgsmäßig verrechnet werden. Eine derartige Vorgehensweise ermöglicht frühzeitig eine Beurteilung von Marketingerfolgen und fördert frühzeitig den Aufbau und Abbau von Außendienstmitarbeitern bzw. sonstigen Verkaufskräften. Diese Denkweise ist den Unternehmen keineswegs fremd. Nur in Ausnahmefällen gibt es darüber jedoch Aufzeichnungen.

Vielfach erfolgt in Marketing und Handel auch eine bewußte zeitliche Verschiebung zwischen Kosten- und Erfolgsrechnung. Das Zurückhalten von Aufträgen vom Ende der Periode, um bereits einen guten „Start" in der nächsten Periode zu haben, ist dafür das hervorragende Beispiel. Im Zeitablauf unterschiedliches „Strecken" oder zeitliches „Bündeln" der Aufträge verzerrt die Ergebnisse der Kosten- und Erfolgsrechnung.

Auch bei der Erfolgsbewertung können unterschiedliche Ansätze gewählt werden, so vergangenheits- und zukunftsorientierte Werte einerseits oder Marktwerte und Verrechnungswerte andererseits.

Zur Beurteilung der Marktentscheidungen ist der Ansatz von zukunftsbezogenen Erfolgswerten zweckmäßig. Entscheidungen mit und ohne Berücksichtigung von Inflationsfaktoren bei den Erfolgen werden unterschiedlich getroffen. Für die Beurteilung der Leistungen sind dagegen Verrechnungswerte, genauer konstante Preise für gleiche Leistungen, zweckmäßig.

15. Die Verfahren der Erfolgsartenzuordnung auf die Erfolgsstellen

Man versucht zunächst, die Erfolgsarten auf die gewählten Erfolgsstellen zuzuordnen. Gemeinerfolgsarten verursachen schwierige Zurechnungsprobleme. Dabei geht es um die Aufgliederung der Wirkungen solcher Marktstrategien, die in unterschiedlichen Erfolgsstellen wirksam werden. Eine Verrechnung von Erfolgen zwischen Erfolgsstellen ist im allgemeinen nicht erforderlich, da zwischen den Erfolgsstellen keine Beziehungen bestehen. Im allgemeinen werden bestimmte Marktstrategien teils allgemein, teils für bestimmte Erfolgsstellen konzipiert.

Bei den erfolgsstellenspezifischen Strategien wird zunächst versucht werden, die Marktwirkungen auf Unterstrategien als Erfolgsarten oder auf die einzelnen Instrumente als Erfolgselemente oder Erfolgssubkategorien aufzugliedern. Man erhält durch diesen Denkansatz Informationen über die klassischen absatzpolitischen Fragen des Strategievergleichs oder aber auch der Auswirkungen der Änderung von Preisen, Werbemaßnahmen und Sortimenten. Die Erlöse auf den Erfolgsstellen ergeben sich rechnerisch auch als Aggregation der Erlöse der jeweiligen Erfolgsträger. Dabei ergeben sich weniger Probleme als bei der eindeutigen Zurechnung der den Erlösarten entsprechenden Kosten. Wenn Außendienstmitarbeiter z. B. Kunden mehrerer Erfolgsstellen besuchen, müssen diese Kosten nach einem erfolgsorientierten Zuordnungskriterium den Erfolgsstellen belastet werden.

Die Bruttonutzenrechnung

Im Handel hat die Bruttonutzenrechnung als Kalkulationsverfahren weite Verbreitung. Sie kann als Kosten- oder Erfolgsstellenrechnungsverfahren aufgefaßt werden.

Man versucht dabei, eine Beziehung zwischen L a g e r u m s c h l a g s g e -
s c h w i n d i g k e i t und prozentualem H a n d e l s a b s c h l a g herzustellen,
und überprüft unter Vernachlässigung der Kostenbetrachtung die Abweichungen
von Spannen oder Handelsabschlägen in ihren Auswirkungen auf den Lagerumschlag. Nach diesem Konzept wird durch die Kalkulation die E g a l i s i e r u n g
der mit dem Lagerumschlag gewogenen prozentualen H a n d e l s a b s c h l ä g e
angestrebt.

Tabelle 7 zeigt ein Beispiel.

Artikel	Lager- umschlag	Handels- abschlag	Brutto- nutzenziffer
A	3	30	90
B	2	45	90
C	3	40	120

Tab. 7: Bruttonutzenrechnung

Die Bruttonutzenrechnung enthält bestimmte preis-mengen-strategische Konzeptionen, deren Verfolgung keineswegs generell empfohlen werden kann. Eine Egali-
sierung der Bruttonutzen bedeutet, daß bei sinkendem Lagerumschlag die Spanne
angehoben, bei steigendem Lagerumschlag die Spanne gesenkt werden müßte.
Beides könnte sich nachteilig auswirken. Man kann jedoch zu Preissenkungszwek-
ken ermitteln, wie stark der Lagerumschlag und damit die Absatzmengen erhöht
werden müssen, um bei einer gegebenen Spannennutzung den gleichen absoluten
Bruttoertrag zu erzielen.

16. Die Verfahren der Erfolgszuordnung auf die Erfolgsträger

Das Denken in betriebsexternen Erfolgsträgergrößen ist ungewöhnlich. Daher wird
im Handel die Erfolgsrechnung auch oft auf der Ebene der Erfolgsstellen abgebrochen.

Für jeden einzelnen Kunden kann man f i x e E r l ö s e und v a r i a b l e E r -
l ö s e herausstellen. So gibt es aufgrund von Erfahrungswerten mindestens Er-
lösdurchschnittswerte, die als fester Erlösbestandteil auf einen Kunden verrechnet
werden können. Dazu kommen die im Rahmen der Konditionenpolitik ausgehan-
delten variablen Erlöse. Aus beiden Erlöskategorien können Erfolgsbestandteile
abgeleitet werden. Der feste Erlösbestandteil ist im allgemeinen mit einem vorgegebenen Faktoreinsatz zu erzielen, der variable Erlösbestandteil hat oft zusätz-

lich einen bestimmten Faktoreinsatz zur Folge, der hier als variabel im Hinblick auf einen bestimmten Kunden gilt. Ein Beispiel sind Sonderwünsche eines Kunden bezüglich der Aufmachung eines Produktes; daraus ergeben sich die Kundeneinzelkosten der Fertigung, des Vertriebs und der Verwaltung.

C. Ergänzende Aspekte zu ausgewählten Modellen der kurzfristigen Erfolgsrechnung im Handel

I. Das Prinzip der Zweistufigkeit der Erfolgsrechnung

1. Die Bruttoertragsrechnung

Im Handel wird rechentechnisch bei der k u r z f r i s t i g e n E r f o l g s r e c h n u n g z w e i s t u f i g vorgegangen:

1. die Ermittlung des Bruttoertrages,

2. die Ermittlung der Kosten und des Erfolges.

Vielfach beschränken sich die Modelle ausschließlich auf die Ermittlung des Bruttoertrages. Man verzichtet entweder auf eine darauf abgestimmte Kostenrechnung oder führt sie getrennt durch.

Ein Beispiel ist die warengruppen-, auftrags- oder kundenspezifische Ermittlung von Bruttoerträgen und eine davon unabhängige Kostenrechnung nach anders gegliederten Kostenzentren, z. B. funktional für die Verwaltung, den Einkauf, den Verkauf, den Transport und die Lagerhaltung eines Unternehmens. Der Gewinn kann in solchen Fällen nur für das gesamte Unternehmen als Einheit festgestellt werden. Dies schließt nicht aus, daß die getrennten Kosten- und Bruttoertragsrechnungen für viele Zielsetzungen geeignete Informationen liefern.

Die Verfahren der kurzfristigen Erfolgsrechnung in Handelsbetrieben wie auch die kurzfristige Marketingrechnung der Industrie werden nach der Art der Ermittlung der a b s o l u t e n H a n d e l s s p a n n e , d. h. des absoluten Bruttoertrages, differenziert, d. h. nach der absoluten Differenz zwischen Umsatz und Wareneinsatz. Die K o s t e n bleiben bei der Betrachtung der Verfahren mit Ausnahme des Wareneinsatzes z u n ä c h s t u n b e r ü c k s i c h t i g t .

Anders als bei der produktionsorientierten Kostenrechnung in Industriebetrieben, in der die Rohstoffe wie die anderen betrieblichen Faktoren behandelt werden, erfolgt die Berechnung in Handelsbetrieben zweistufig: Zunächst wird der Eigenleistungsanteil der Betriebe ermittelt (B r u t t o e r t r a g s r e c h n u n g), erst dann setzt mit der Zurechnung von Kosten auf das gewählte System der Bruttoertragsdifferenzierung die E r f o l g s r e c h n u n g ein.

Analog dem Umsatzkostenverfahren läßt sich der E r t r a g nach dem Konzept der Teilkostenrechnung je Wareneinheit oder Warengruppe wie folgt ermitteln:

     Umsatz
    ⁒ bewerteter Wareneinsatz
    ——————————————
    = Bruttoertrag

Der W a r e n e i n s a t z ist wie folgt definiert:

     Anfangslagerbestand
    + Wareneingang
    ⁒ Endlagerbestand
    ——————————————
    = Wareneinsatz

Die E r f o l g s g r ö ß e kann dann global wie beim Gesamtkostenverfahren oder beim Umsatzkostenverfahren nach Kostenträgern differenziert abgeleitet werden:

     Bruttoertrag
    ⁒ Kosten ohne Warenkosten
    ——————————————
    = Erfolg

Eine Präzisierung und Differenzierung der Rechnung erfolgt u. U. durch die F e s t - l e g u n g d e r W e r t a n s ä t z e der Größen: Der Umsatz wird nicht immer in Verkaufspreisen, die Bestände und der Wareneingang werden nicht immer zu Einkaufs- bzw. Einstandswerten angegeben.

Allgemein üblich ist jedoch die Rechnung mit effektiven Einstandswerten und effektiven Verkaufswerten. Die erhaltenen und gewährten R a b a t t e und B o n i , d. h. die Korrekturposten der Leistungsrechnung, und die gewährten und erhaltenen S k o n t i , d. h. Korrekturposten der Finanzrechnung, werden üblicherweise nicht voll in diese Rechnung einbezogen, sondern am Jahresende global verrechnet. Als Grund sind Probleme der Zurechenbarkeit dieser Positionen auf die für die Bruttoertragsermittlung gewählten Teileinheiten, so auf Abteilungen und Filialen, anzusehen. Dabei wird jedoch nicht einheitlich vorgegangen. So werden die sofort gewährten Rabatte meist auch sofort berücksichtigt, die Periodenrabatte dagegen als Erlösschmälerungen gesondert aufgefangen.

Eine Bruttoertragsrechnung für einen bestimmten Zeitraum wird als P e r i o d e n - s p a n n e n v e r f a h r e n bezeichnet. Es läßt sich nach der Technik der Lagerbestandsermittlung differenzieren. Mögliche Formen der Lagerbestandsaufnahme sind:

1. die körperliche Inventur,
2. die Gleichsetzung von Wareneingang und Warenausgang bei konstantem Lager, z. B. im Lebensmitteleinzelhandel oder bei Drogerien möglich,
3. die Schätzung der Lagerbestände,
4. die Skontration, d. h. das Fortschreiben der Bestände durch laufende Aufzeichnung der Eingänge und Ausgänge der Handelswaren als Mengen- oder Wertskontration, letztere zu Einstandspreisen oder Verkaufspreisen.

Da sich der Ladendiebstahl neben anderen Gründen für Bestandsdifferenzen, so Verderb und Beschädigung oder Vernichtung, als eine wichtige Einflußgröße für den Erfolg eines Handelsunternehmens erweist, sind regelmäßige körperliche Inventuren und Ermittlungen der I n v e n t u r d i f f e r e n z e n unerläßlich. Heute wird im Einzelhandel von Inventurdifferenzen zwischen 1 % und 3 %, in einzelnen Fällen von noch höheren Werten, berichtet, d. s. für die Bundesrepublik Deutschland rd. 5 Mrd. DM (1976).

Die effektiv erzielte Spanne kann somit nur bei körperlicher Bestandsaufnahme zuverlässig ermittelt werden. Außerdem werden die relativen P r e i s h e r a b - z e i c h n u n g e n , d. h. die Differenz zwischen der Soll-Spanne als Ergebnis der ursprünglichen Kalkulation und der Ist-Spanne, oft gesondert ermittelt.

Man kann in Handelsbetrieben den B r u t t o e r t r a g jedoch auch für das einzelne abgesetzte S t ü c k berechnen:

$$
\begin{array}{l}
\quad\text{Verkaufspreis je Stück} \\
\diagup\; \text{Wareneinstandspreis je Stück} \\
\hline
= \;\text{Bruttoertrag je Stück}
\end{array}
$$

In diesen Fällen wird die Bezeichnung S t ü c k s p a n n e n v e r f a h r e n angewandt. Es eignet sich besonders für Großstücke, so für den Kunst-, Automobil-, Fahrrad-, Musikinstrumenten- oder Möbelhandel, darüber hinaus auch für Großhandelsgeschäfte bei vergleichsweise geringen Artikelzahlen.

Nun interessiert meist nicht nur der Bruttoertrag des einzelnen abgesetzten Stükkes, sondern der Bruttoertrag in einer Periode, der durch Addition der Stückbruttoerträge einer Periode berechnet wird. Man kann hier auch von s t ü c k b e z o g e - n e m P e r i o d e n s p a n n e n v e r f a h r e n sprechen. Die Ermittlung des Bruttoertrages der abgesetzten Waren ist, wenn man von speziellen Voraussetzungen beim Einsatz von EDV-Anlagen absieht, dadurch möglich, daß bei jedem Umsatzakt sowohl die Einkaufspreise als auch die Verkaufspreise erfaßt werden. Einfache Hilfsmittel sind Chiffrierungen der Einkaufspreise bzw. der Bruttoerträge auf den Auszeichnungshilfsmitteln, wie Etiketten. Bei dieser Rechnung kann auf die Ermittlung von Beständen verzichtet werden, da für jede abgesetzte Ware der Bruttoertrag bekannt ist.

Wenn an das Stückspannenverfahren eine Bestandsrechnung angeschlossen wird, ergibt sich eine Kontrolle der Inventurdifferenzen.

Bisher wird in Handelsbetrieben oft mit der abteilungsspezifischen Bruttoertragsrechnung nach dem Konzept des Perioden- oder Stückspannenverfahrens abgebrochen. Die kurzfristige Erfolgsrechnung im Handel dient damit einem einfachen B r u t t o e r t r a g s z e i t v e r g l e i c h und der Ermittlung von P r e i s - u n d I n v e n t u r d i f f e r e n z e n .

Die Präponderanz des Erfolgsdenkens im Handel ist verständlich, da man doch vor allem wissen möchte, ob die Strategien als Erfolgsarten in der geplanten Form

gewirkt haben und ob die Wirkungen bei den erwarteten Erfolgsstellen, d. h. bei
den jeweiligen Kunden- oder Warengruppen, eingetreten sind. Da die Verrechnung von Kosten auf die Erfolgsgrößen schwierig ist, verzichtet man teilweise darauf. Dabei ist man sich darüber im klaren, daß das kostenorientierte Denken und
das erfolgsorientierte Denken in den üblichen Kostenrechnungsmodellen nicht mit-
einander harmonisiert sind.

2. Die Kostenrechnung

Die Kostenrechnung folgt – wie erwähnt – oft anderen Gliederungskriterien als die
Bruttoertragsrechnung. Für die Bildung der Erlösstellen wie auch der Kostenstellen
gelten die allgemeinen Prinzipien:

1. die Berücksichtigung der Einheitlichkeit der Verantwortung bei jeder Stelle,
2. die Einfachheit der Verrechnung der Ertragselemente oder der Verrechnung
   der Kosten, insbesondere der Gemeinkosten.

Mit kostenstellenspezifischen partiellen Kostenrechnungen werden auch Ziele der
F a k t o r k o m b i n a t i o n s p o l i t i k und der A b s a t z p o l i t i k verfolgt.

So dient die T o u r e n r e c h n u n g u. a.

– der Auffindung von Rationalisierungsreserven mit dem Ziel der Kostensenkung,
  d. h. primär der Personal- und Sachfaktoreinsatzplanung,
– der klaren Kostenzuordnung,
– der besseren Betriebssteuerung durch Festlegung der zulässigen Tourenkosten
  und durch Ermittlung der Grenzkosten zusätzlicher Aufträge.

Als a b s a t z o r i e n t i e r t e Z i e l e sind zu erwähnen:

– die Förderung der kostengünstigen Auftragsarten bzw. Kundenkategorien,
– das Ausscheiden der verlustbringenden Auftragsarten bzw. Kundenkategorien,
– die Erleichterung der Preisbildung bei bestimmten Kundengruppen.

Zur Ermittlung von Ist- und Plan-Größen der Faktoreinsatzzeiten und Faktorpreise
werden A r b e i t s z e i t s t u d i e n eingesetzt. So unterscheidet man bei Touren-
analysen

1. die auftragsabhängigen Zeiten:
   a) die Anlieferungszeit,
   b) die Zeit für Tourenvorbereitung,
   c) die Zeit für Tourenabschlußarbeiten,
   d) die fixen Kundenzeiten;

2. die auftragsgrößenabhängigen Zeiten:
   a) die Entlade- und Kontrollzeiten beim Kunden,
   b) die Beladezeiten im Betrieb;

3. die nicht zurechenbaren Zeiten.

II. Die Alternativen der Bewertung – Die Ist-, Normal- und Planrechnung

1. Die Ist-Rechnung

Bei der Ist-Kostenrechnung werden die Kosten nach der effektiven Höhe erfaßt. Daraus folgt, daß die Kostengüter mit ihrem effektiven Wert- und Mengeneinsatz in die Rechnung eingehen.

Man erfährt dadurch,

1. welche Kostenarten effektiv angefallen sind,
2. welche effektive Kostenbelastung für die Kostenstellen vorliegt,
3. welche effektive Kostenbelastung auf die Kostenträger entfällt.

Der Schwerpunkt der Ist-Kostenrechnung liegt auf der Kostenträgerkalkulation[61]). Dabei werden die Kosten zwar durch kalkulatorische Positionen betriebsorientiert abgegrenzt, dann jedoch auf die Kostenträger überwälzt. Im Handel wird diese Ist-Kostenrechnung im allgemeinen – wie erwähnt – auf die Stellenrechnung begrenzt.

Neben der Ist-Vollkostenrechnung ist auch die Ist-Teilkostenrechnung oder Ist-Deckungsbeitragsrechnung zu erwähnen, bei der auf eine Schlüsselung der Fixkosten verzichtet wird.

Diese Formen der Ist-Kostenrechnung sind in Marketing und Handel immer noch vorherrschend, und zwar im Rahmen des innerbetrieblichen Zeitvergleichs und des zwischenbetrieblichen Vergleichs. In der einfachsten Form werden die effektiven Umsätze als Maßstab für die Ausbringung herangezogen und darauf prozentuale Kostenarten- und Kostenstellenanteile verrechnet. Man kann bei dieser Rechnung nur intertemporale Abweichungen oder Abweichungen zu den Ist-Werten der Vergleichsbetriebe erkennen.

Der Bewertung können Vergangenheits- oder Gegenwartspreise zugrunde liegen.

Ausgehend von Ist-Preisen, wurde eine erste Korrektur durch die Einführung von Verrechnungspreisen, d. h. von Ist-Preismittelwerten, angestrebt, so für Waren und für Löhne. Dadurch wurden bestimmte Produktivitätsabweichungen feststellbar. Hier haben die einfachen Abweichungskontrollmodelle ihren Platz. Im Rahmen der Warengruppen- oder Filialnachkalkulation kann man mit diesem Verfahren feststellen, ob die effektiven Lohnsteigerungen durch zusätzliche Bruttoerträge oder Produktivitätssteigerungen aufgefangen werden.

2. Die Normalrechnung

Durch die zeitlich später entstandene Normalkostenrechnung erfolgt eine Umstrukturierung der festen Verrechnungspreise der Ist-Kostenrechnung.

Die Normalkosten wurden zunächst als statische Mittelwerte vergangener Perioden berechnet. Zur Vermeidung zu großer Unter- bzw. Überdeckungen zwischen Normalkosten und effektiven Kosten durch Faktorpreisänderungen wurden aktua-

---

61) Vgl. Kilger, Wolfgang: Flexible Plankostenrechnung, 5. Aufl., Köln - Opladen 1972, S. 28, S. 36.

l i s i e r t e   M i t t e l w e r t e gebildet, d. h., bei der Bildung von Durchschnittswerten wurden erwartete künftige Einflüsse mitberücksichtigt. Die Verrechnungspreise der Ist-Kostenrechnung stellen dagegen die aus unterschiedlichen Einstandspreisen gewachsenen Durchschnitte dar.

Somit erfolgt die Verrechnung der Gemeinkosten auf die Kostenträger mit Hilfe
von Normalkostensätzen. Dieses Vorgehen wird als s t a r r e   N o r m a l -
k o s t e n r e c h n u n g bezeichnet. Die starre Normalkostenrechnung verwendet
P l a n e i n z e l k o s t e n und N o r m a l g e m e i n k o s t e n.

Diese Gemeinkostensätze werden über einen bestimmten Zeitraum konstant gehalten. Gegenüber den Ist-Kosten entstehen durch dieses Vorgehen Über- und Unterdeckungen, die direkt über die Gewinn- und Verlustkonten oder indirekt über
Verrechnungskonten ausgebucht werden.

Bei der f l e x i b l e n   N o r m a l k o s t e n r e c h n u n g erfolgt ergänzend zu
den bisherigen Überlegungen eine A u f s p a l t u n g   d e r   G e m e i n k o s t e n
in fixe und proportionale Bestandteile. Die Beschäftigungsabweichungen werden
zur Kontrolle der Kosten isoliert.

Da der Kostenbestimmungsfaktor B e s c h ä f t i g u n g einen beherrschenden
Einfluß auf die Kostenabweichungen ausübt, ist die Differenzierung der Abwei-
chung in Beschäftigungsabweichungen und sonstige Abweichungen aufgrund einer
Trennung der Gemeinkosten in fixe und proportionale Bestandteile zweckmäßig.
Hinzuweisen ist jedoch auf die Probleme der Feststellung der Beschäftigung.

Als N o r m a l b e s c h ä f t i g u n g wird generell die erwartete durchschnittliche
Beschäftigung einer Kostenstelle verstanden. Die Trennung von Ist- und Normalbeschäftigung ist vor allem zur Erfassung der häufig marktabhängigen und vom
Unternehmen unbeeinflußbaren Beschäftigungsschwankungen zweckmäßig. Dabei
ist jedoch die Normalbeschäftigung im Handel u. U. sogar stundenweise unterschiedlich. Die Bemühungen um eine genaue Proportionalisierung von Kosten,
z. B. mit Hilfe von Arbeitszeitstudien, leiten dann über zur Plankostenrechnung[62]).

Zu beachten ist der normative Charakter jeder Normalisierung, da dabei unterschiedliche Ansätze verwandt werden können. Als Beispiele seien erwähnt:

1. die Anbindung der Mengen- und Wertgrößen an Durchschnittswerte vergange-
    ner Perioden, z. B. durchschnittlicher Schwund,

2. die Anbindung der Mengen- und Wertgrößen an eine durchschnittliche Be-
    schäftigung, z. B. durchschnittlicher Umsatz je Personalstunde,

3. die Wahl fester Verrechnungsmengen und -preise.

In Marketing und Handel werden nicht nur Kosten, sondern auch Leistungsgrößen
normalisiert, z. B. durchschnittliche Preisherabsetzungen, durchschnittlicher Anteil
von Sonderangeboten am Sortiment, durchschnittliche Erlösschmälerungen.

---

62) Vgl. Tietz, Bruno: Die Grundlagen des Marketing, 3. Bd.: Das Marketing-Management, München 1976,
S. 407–444.

Beim Absatz der Industrie werden die Waren zu Verrechnungspreisen aufgrund der Herstellkosten bewertet in den Marketingbereich weitergegeben; im Handel werden bei einstufigen Betrieben nach den erörterten Verfahren gebildete normalisierte Durchschnittseinstandspreise verwandt. Bei mehrstufigen Handelsunternehmen wird teilweise eine Erfolgsspaltung durch prozentuale Aufschläge auf die Einstandspreise versucht, die im allgemeinen Willkürelemente enthält. Je nach dem „Verrechnungsschnitt" entstehen für die Zentralen dieser zweistufigen Handelsunternehmen Unterdeckungen oder Überschüsse über die Zentralgesamtkosten. Die praktische Erfahrung zeigt jedoch, daß die Ergebnisspaltung in Zentralerträge und Filialerträge Motivationskräfte zu stärkerem Kostenbewußtsein in der Zentrale freisetzen kann, vor allem wenn auf eine Budgetierung verzichtet wird. Diese Überlegungen beziehen sich eher auf eine Normalerfolgsrechnung und weniger auf eine Normalkostenrechnung.

In Handel und Marketing finden jedoch auch die starre und die flexible Normalkostenrechnung in unterschiedlichen Ausbaustufen Anwendung. In den Bereichen Transport und Lagerhaltung, aber auch im Bereich der Kostensteuerung des Außendienstes oder der Verkaufskräfte werden Normalkosten durch Erhebungen der Zeiten oder anderer Bezugsgrößen, z. B. Strecken, Mengen oder Volumen, für die Aktivitäten nach Multimomentstudien oder durch Selbstaufzeichnungen oft ohne eine Überprüfung der Optimalität der Verfahren ermittelt.

Die flexible Normalkostenrechnung liefert in Marketing und Handel oft befriedigende Ergebnisse, da im Gegensatz zur Industrie in der Regel eine weitere Aufspaltung der kostenbezogenen Abweichungen nicht erforderlich ist. Die Beschäftigungsabweichung ist die bei weitem wichtigste Abweichung im Handel.

Die Aussagekraft der Normalgemeinkostenrechnung, die bei zu starker Anlehnung an die Ist-Kosten der vergangenen Perioden unbefriedigend ist, kann durch eine bewußte Zukunftsorientierung verbessert werden.

Als Normalkosten im Sinne von durchschnittlichen Kosten der Vergangenheit sind auch die im Handel verbreiteten Durchschnittswerte aus Betriebsvergleichen ähnlicher Betriebe zu bezeichnen. Als Richtwerte können neben den Durchschnittswerten aus Betriebsvergleichen auch andere Werte herangezogen werden, z. B. der Durchschnitt der oberen Hälfte der Betriebe oder obere Quartilwerte. Sowohl die Kosten- als auch die Leistungskennzahlen aus Betriebsvergleichen gehen teilweise weit über die Information klassischer Kosten- und Leistungsrechnungsmodelle hinaus, z. B.

1. die Lagerumschlagsdauer,

2. die durchschnittliche Debitorenfrist in Tagen,

3. der Umsatz oder der Bruttoertrag pro Mitarbeiter, so für alle Mitarbeiter oder für Außendienstmitarbeiter,

4. das Vertriebspersonal in Prozent aller Mitarbeiter,

5. der Gewinn vor Steuern.

3. Die Planrechnung

In der Plankostenrechnung[63]) werden Mengen-, Zeit- und Wertgrößen des Faktor-einsatzes b e w u ß t   g e p l a n t. Plankosten tragen sowohl Norm- als auch Vor-gabecharakter[64]). Die Grundlage des Mengengerüsts der Kosten sind Verbrauchs- und Zeitstudien sowie Schätzverfahren[65]). Als   Z i e l e   der Plankostenrechnung lassen sich vor allem nennen:

1. der systematische Einbau der Kostenrechnung in das Gesamtsystem der be-trieblichen Planung,
2. die Schaffung einer Grundlage für die Kostenkontrolle.

Man unterscheidet die   s t a r r e   und die   f l e x i b l e   P l a n k o s t e n r e c h-n u n g.   Der Unterschied zwischen der starren Normalkostenrechnung und der starren Plankostenrechnung liegt auf den bewußt eingesetzten Planungsverfahren für die Kostengrößen. Formal ergibt sich kein Unterschied. Gleiches gilt für die flexible Normal- und die flexible Plankostenrechnung, bei denen zunächst die Be-schäftigungsschwankungen erfaßt werden. In die flexible Plankostenrechnung sind weitere Abweichungen einbezogen, so die Verbrauchsabweichungen für den Mehr- oder Minderverbrauch von variablen Faktoren oder die Preisabweichungen für Veränderungen der Marktpreise.

Der Planung können generell unterschiedliche Konzepte zugrunde gelegt werden:

1. die effektiv erwarteten Werte,
2. die normalen Werte,
3. die maximal erwarteten Werte.

P l a n a b w e i c h u n g e n   können mehrere Ursachen haben:

1. von den Entscheidungsträgern nicht zu vertretende Datenänderungen,
2. falsche Auswahl von Plandaten,
3. datenunabhängige Fehler bei den Entscheidungsträgern.

Daher ist der Abweichungsanalyse besondere Aufmerksamkeit zu widmen.

In Marketing und Handel werden die Wareneinsatzkosten auf der Basis von   E i n -k a u f s p r e i s e n   oder von   E i n s t a n d s p r e i s e n   geplant, in Produktions-betrieben dagegen auf der Grundlage der Herstellkosten. Die Wahl von Ein-standspreisen ist dann zweckmäßig, wenn Beschaffungsleistungen und Absatz-leistungen getrennt beurteilt werden sollen. Die Differenz zwischen Einkaufs- und Einstandspreis entspricht den   B e s c h a f f u n g s k o s t e n.   Durch diese Vor-gehensweise wird jedoch nicht transparent, ob bestimmte Manipulationsleistungen

---

63) In der Literatur auch als Standardkosten-, Richtkosten-, Normkosten-, Sollkosten-, Vorgabekosten- oder Budgetkostenrechnung bezeichnet.
64) Vgl. Nowak, Paul: Kostenrechnungssysteme in der Industrie, 2. Aufl., Köln - Opladen 1961, S. 81; Kilger, Wolfgang: Flexible Plankostenrechnung, 5. Aufl., Köln - Opladen 1972, S. 54.
65) Vgl. auch die Verfahren der Personaleinsatzplanung in Tietz, Bruno: Die Grundlagen des Marketing, 3. Bd.: Das Marketing-Management, München 1976, S. 407 ff.

vom betrachteten Unternehmen oder vom Lieferanten erledigt werden sollen, wenn die dafür aufzuwendenden Kosten nicht dem Beschaffungs-, sondern dem Absatzsektor zugerechnet werden. Bei gleichartigen Waren ist zu versuchen, den Leistungsübergang zwischen Lieferant und betrachtetem Betrieb durch genaue Definition der Kosten der Ware eindeutig festzulegen, um für jede Teilleistung die Vor- und Nachteile von Eigenerstellung und Fremdbezug zu kennen. Zu diesem Zweck müssen auch die **internen Kosten** für die **Selbsterstellung** von Teilleistungen bekannt sein. Außerdem ist in Marketing und Handel – entsprechend dem Ausschuß der Industrie – der **Schwund** und der **Verderb** zu planen. Man kann somit **Bruttowareneinstandskosten** ermitteln. Neuerdings wird auch im Handel, bei dem die tageszeitlichen, wöchentlichen und monatlichen Beschäftigungsschwankungen sehr hoch sind, eine **beschäftigungsspezifische Kostenplanung** nach Stunden oder unterstündlichen Takten, z. B. im Versandhandel, vorgenommen. Dies gilt vor allem für den Personaleinsatz. Das Hauptproblem besteht dabei in der Bewältigung der kurzfristigen Abweichungen zwischen Ist- und Planbeschäftigung, vereinfacht zwischen Ist- und Plannachfrage bzw. -umsatz.

Die **direkten Löhne** oder Einzellöhne werden mit Hilfe von Arbeitszeitstudien geplant. In der Regel sind die Löhne Gemeinkosten. Ihre Planungsdauer hängt von der Stabilität der Faktorpreise ab. Man spricht bei geplanten Gemeinkosten, auf die bereits bei den Bewertungsfragen eingegangen wurde, auch von Soll-Kosten, die nach Kostenstellen geplant und kontrolliert werden.

Mit Plankosten wird auch im Fuhrpark, z. B. bei der Warenabholung, differenziert nach Standorten und Lkw-Typen, gerechnet.

Für Marketing und Handel ist es besonders wichtig, **zukunftsorientierte Planwerte** anzusetzen, d. h., sowohl bei den Faktorbeschaffungspreisen als auch bei den Prozessen der Erstellung der Marketing- und Handelsaktivitäten zukunftsorientierte Verfahren und damit Faktormengen anzugeben. Nur unter dieser Voraussetzung entsteht ein Überblick für die Kalkulation. Nowak[66] weist mit Recht auf die normative Wirkung der Preisstellung hin.

Eigenheiten der Planungsrechnung im Handel

Man kann für die Planungsrechnung im Handel zusammenfassend folgende Probleme herausstellen:

1. Die Planbeschäftigung verändert sich vor allem im Absatzbereich oft kurzfristig.

2. Bei Vorgabe einer Planbeschäftigung sind die Ergebnisse nur bedingt vorausschätzbar, z. B. beim Einsatz eines festen Außendienstmitarbeiterstammes.

3. An die Stelle der fest vorgegebenen Verrechnungspreise treten aus Vereinfachungsgründen vorgegebene Bruttoerträge oder Handelsspannen. Diese Plangrößen können nach Erlösbereichen getrennt erfaßt werden.

---

66) Vgl. Nowak, Paul: Kostenrechnungssysteme in der Industrie, 2. Aufl., Köln - Opladen 1961, S. 96, S. 115–125.

4. Die Trennung in fixe und proportionale Kosten betrifft den kostenstellenspezifischen Beschäftigungsmaßstab. Dies ist keineswegs immer ein Produkt im Sinne der Industrie.

5. Die Verrechnung der Gemeinkosten von den Hilfskostenstellen auf die Hauptkostenstellen erfolgt

    a) wie bei der starren Plankostenrechnung durch feste Plankostenverrechnungssätze auf der Basis der Planbeschäftigung,

    b) wie bei der flexiblen Plankostenrechnung durch beschäftigungsspezifische Plankostenverrechnungssätze,

    c) wie bei der flexiblen Teilkostenrechnung durch Berücksichtigung der proportionalen Kosten und Ausschaltung der fixen Kosten.

4. Die kombinierten Systeme

In der Praxis sind die Konzepte der Ist-, Normal- und Plankostenrechnung teilweise kombiniert. So mag im Verkauf mit Plankosten, im Fuhrpark mit Normalkosten und im Lager mit Ist-Kosten gerechnet werden. Üblicherweise wird das Kostenrechnungssystem im Zeitablauf nach und nach verfeinert. Das zentrale Problem bleibt in Marketing und Handel die Verbesserung der Anbindung an Marktgrößen.

5. Die Verbindung von Produktivitäts- und Kostenzentrenrechnung

Hingewiesen sei auf eine Verbindung zwischen Kostenzentren- und Produktivitätsrechnung[67]. Kostenzentren sind z. B. Arbeitsgebiete, Arbeitsarten oder Abteilungen mit homogener Tätigkeit.

Mit der Produktivitätsrechnung auf der Basis von Kostenzentren wird eine Verknüpfung der beiden Plankostenrechnungstypen, und zwar der Standard- und der Prognosekostenrechnung[68], erreicht. Erstere zielt vornehmlich auf eine Kontrolle der mengenmäßigen oder technischen Ergiebigkeiten des Güterverbrauchs mit dem Ziel der Minimierung der Faktormengen, letztere auf eine Kontrolle der wertmäßigen Ergiebigkeit des Güterverbrauchs mit dem Ziel der Rentabilisierung.

Die Verbindung von Mengen- und Wertgrößen in den Grundgleichungen der Produktivitätsrechnung garantiert eine Berücksichtigung beider Gesichtspunkte.

Produktivitäts- und Kostenzentrenrechnung ermöglichen, wenn sie auf breiter Basis gemeinsam eingesetzt werden, eine bessere Kontrolle der Faktornutzung, z. B. eine Verbesserung des Personaleinsatzes, und erleichtern die Aufstellung von Leistungsstandards sowie die Beurteilung betriebspolitischer Entscheidungen.

---

67) Vgl. dazu Tietz, Bruno: Die Grundlagen des Marketing, 3. Bd.: Das Marketing-Management, München 1976, S. 838–897.

68) Vgl. auch Kosiol, Erich: Kostenrechnung und Betriebsbuchhaltung, in: Hax, Karl; Wessels, Theodor (Hrsg.): Handbuch der Wirtschaftswissenschaften, 1. Bd.: Betriebswirtschaft, 2. Aufl., Köln - Opladen 1966, S. 595–699.

III. Neue Ansätze – Die situative und die sequentielle Kosten- und Leistungsrechnung

Der Einfluß der externen Daten sowie der betrieblichen Gegebenheiten einschließlich der verfolgten Ziele und der eingesetzten Instrumente ist im Handel sehr hoch. Daraus folgt, daß z. B. das Rechnungswesen in einem Verkäufermarkt anders zu gestalten ist als in einem Käufermarkt. Im ersten Falle stehen Kontrollaspekte im Vordergrund, im zweiten Falle Marktgestaltungsziele. Bei Investitionsgütern wird man andere Schwerpunkte der Kosten- und Leistungsinformationen heranziehen als bei Konsumgütern. Bei Investitionsgütern sind selbst bei Großserienfertigung alle Marketingaktivitäten in Industrie und Handel durch Individualmaßnahmen und somit durch ein Konzept der Einzelfertigung mit sehr unterschiedlichem Faktoreinsatz je nach der Art des Kunden gekennzeichnet. Zur Steuerung des Absatzes von Investitionsgütern wird heute teilweise auf die Bruttoerträge oder Umsätze als relevante Kriterien verzichtet, man arbeitet im gesamten Absatz- und Vertriebsbereich mit transformierten Werten, die mit Leistungsbewertungssystemen ermittelt werden. Der Außendienst wie auch die Vertriebsleitung und die Marketingleitung werden nach Leistungspunkten gesteuert.

Bei der Fixierung solcher Leistungspunkte als Output-Kennzahlen kann das Unternehmen kurz- und mittelfristig durchaus von den klassischen Gewinn- oder auch Marktanteilszielen abweichen. Erst durch Transformation der Geldgrößen in neuartige Plangrößen, hier Leistungspunkte, die auch spezielle Ziele der Marktdurchdringung und der Markterhaltung zu verfolgen gestatten, werden Mängel der klassischen Abrechnungskonzepte überwunden.

Die Festlegung von Leistungspunkten erfolgt u. U. von Periode zu Periode unterschiedlich. So mag es in einer Periode darum gehen, primär Neukunden zu gewinnen, in einer zweiten Periode sollen bei Altkunden vorhandene Geräte ersetzt und in einer dritten Periode sollen Neugeräte rasch und problemlos eingeführt werden. In jedem dieser Fälle werden aufgrund der Zielvorstellungen sequentiell unterschiedliche Leistungsmaßstäbe angesetzt.

Allein diese Loslösung von Geldgrößen ermöglicht die Verfolgung mehrschichtiger und langfristiger Ziele. Teilweise werden auch kombinierte Maßstäbe aus klassischen Bruttoertrags-, Deckungsbeitrags- oder Kostengrößen einerseits und erfolgsstellen- bzw. erfolgsträgerbezogener Leistungsbewertung mit Punkten andererseits herangezogen. In Verbindung mit Leistungsvergütungen gewinnen solche neuen Kosten- und Leistungsverrechnungsverfahren sowohl zur Planung und Kontrolle als auch zur Steuerung des Außendienstes zunehmende Bedeutung.

Der Übergang zu einer neuen Form der Produktivitätsrechnung wird bei diesem Konzept dadurch sichergestellt, daß man auch beim Faktoreinsatz zur Leistungsbeurteilung Mengengrößen, z. B. Außendienstminuten, u. U. differenziert nach Kontaktzeit und Fahrzeit, zugrunde legt – ähnlich wie bei der Gemeinkostenberechnung nicht die Fertigungslöhne, sondern die Fertigungsminuten herangezogen werden[69]).

Das Strategie-Mix

Handelsunternehmen entwickeln in der Regel eine Basismarketingstrategie, mit deren Hilfe sie sich im Markt durchzusetzen beabsichtigen. Diese Basisstrategien werden jedoch regelmäßig oder unregelmäßig von flankierenden Ergänzungsstrategien begleitet. Oft werden solche Ergänzungsstrategien nur während gewisser Zeiträume eingesetzt. Ein Beispiel dafür sind die Schlußverkäufe. Als regelmäßige Ergänzungsstrategien oder Nebenstrategien können die Sonderangebotsstrategien erwähnt werden.

Diese disponiblen Budgets können unterschiedlich definiert werden, sie haben im Endeffekt jedoch das gleiche Ergebnis. Als Beispiele seien erwähnt:

1. die geplante Kürzung der prozentualen Handelsspanne für Neben- oder Ergänzungsstrategien,
2. die geplante Kürzung der absoluten Bruttoerträge.

Auf der Kostenseite werden u. U. geplant:

1. ein Budget für die Senkung des Normalpreisniveaus auf das Neben- oder Ergänzungsstrategieniveau im Sinne eines Erlösschmälerungsbudgets,
2. ein Budget für zusätzliche aktive Verkaufskosten.

Faktisch ist es aufgrund der Verhaltenswirkungen beider Konzepte mehr als eine rechentechnische Frage, ob man Preissenkungen durch eine Kürzung der Bruttoerträge oder ein eigenes Preissenkungskostenbudget berücksichtigt. Im ersteren Falle wird der Umsatzplan unmittelbar betroffen, im zweiten Falle wird der Planumsatz nicht berührt, es gibt jedoch im Rechenwerk geplante Erlösschmälerungen für Nebenstrategiepreissenkungen, die sich auch als Umsatzreduktionen auswirken.

<u>Für beide Strategie- und damit Erlösartentypen wird heute eine getrennte Planung und Kontrolle durchgeführt. So gibt es eine normale Handelsspanne und damit normale absolute Bruttoerträge sowie normale Kostenbudgets für die B a s i s - s t r a t e g i e . Für die E r g ä n z u n g s t r a t e g i e werden getrennte Budgets geplant, die dann von dezentralen Entscheidungseinheiten nach den kurzfristigen Marktbedingungen disponibel eingesetzt werden können.</u>

Im Einzelhandel tastet man sich an die Verbundeffekte zwischen Normal- und Ergänzungsstrategien neuerdings durch geldwertbezogene oder punktwertbezogene Leistungsvergütungen für einen möglichst niedrigen Ausnutzungsgrad der Ergänzungsstrategie und damit des Ergänzungsbudgets heran. Ansatzweise wird dabei auch das Problem berührt, durch Strategieveränderungen bessere Markteffekte zu

---

69) Vgl. Plaut, Hans Georg: Entwicklungsformen der Plankostenrechnung, in: Jacob, Herbert (Hrsg.): Neuere Entwicklungen in der Kostenrechnung (II), Schriften zur Unternehmensführung, Bd. 22, Wiesbaden 1976, S. 5–24, hier S. 14.

erzielen, z. B. durch eine veränderte Ergänzungsstrategie insgesamt bessere Kosten- und Leistungsergebnisse zu erreichen.

Auf die Beeinflußbarkeit der Kosten als Differenzierungskriterium wurde bereits hingewiesen. Als zusätzliche Möglichkeit sei hier das Konzept der S t r a t e g i e - a d ä q u a n z d e r K o s t e n eingeführt.

Die Konkurrenzveränderung

In Marketing und Handel ist in einer Marktwirtschaft eine Veränderung der Zahl oder der Strategien der Konkurrenten allgemein verbreitet. Da jede Konkurrenzveränderung die Marktwirkungsfunktionen des betrachteten Unternehmens beeinflußt, sind A l t e r n a t i v p l a n u n g e n für die Bewältigung etwaiger Konkurrenzeinbrüche unerläßlich. Dieses Verfahren wird von Warenhaus- und Filialunternehmen mit Erfolg eingesetzt.

Man kennt im Einzelhandel oft recht genaue Erfahrungswerte über die Auswirkung von Maßnahmen der Konkurrenten eines bestimmten Betriebstyps und führt dann die entsprechenden Plananpassungen durch.

Zusammenfassung

Die Relevanz der Kosten- und Leistungsrechnungssysteme für Marketing und Handel ist zunächst in Abhängigkeit von den jeweiligen Kostenstrukturen und der Kostenbeeinflußbarkeit zu beurteilen.

Generell kann gesagt werden, daß die K o s t e n b e e i n f l u ß b a r k e i t in Marketing und Handel g e r i n g e r ist als in der Industrie. Hochentwickelte Kostenrechnungssysteme, die eine entsprechend hochentwickelte Kontrolle über nur wenig beeinflußbare Kostenfaktoren ermöglichen, können somit den optimalen Komplexitätsgrad des Rechnungssystems überschreiten.

Andererseits sind die Möglichkeiten zur Erlös- und Erfolgsbeeinflußbarkeit hoch. Darauf sind die Rechenwerke auszurichten.

Die Modelle der Ergebnis- und Kostenrechnung werden oft als wertneutrale Vergangenheits- und Zukunftsinformationen dargestellt. Hinter den Modellen steht ein bestimmtes normatives Konzept der Betrachtung der Umwelt und des Unternehmens. So wird man davon ausgehen müssen, daß Vertriebskostenrechnungen nach dem Vollkostenprinzip zu anderen Entscheidungen und Aktivitäten sowie Intensitätsgraden bei Aktivitäten führen als Vertriebskostenrechnungen nach dem Deckungsbeitragsprinzip. Auch die unternehmenspolitischen Ziele können durch das Rechnungswesen transformiert werden, und zwar stets dann, wenn die Modelle des Rechnungswesens nicht zieladäquat sind.

Im Prinzip gibt es z w e i k a t e g o r i a l e A n s ä t z e für die Wahl eines Kosten- und Leistungsrechnungsmodells:

1. die Stützung auf eine **e x p l i z i t e   T h e o r i e**, z. B. auf die Produktions- und Kostentheorie oder auf die Absatztheorie, wobei die letztere Beziehung bisher erst wenig entwickelt ist,

2. die Stützung auf eine **i m p l i z i t e   T h e o r i e**, bei der schwerpunktmäßig auf Erfahrungen zurückgegriffen wird, die zwar theoretisch begründet sein können, aber nicht sein müssen; dies ist weitgehend der Fall bei der Kosten- und Leistungsplanung und dabei vor allem bei der Budgetierung.

Für viele Handelsunternehmen bildet die im konkreten Fall eingesetzte Kosten- und Leistungsrechnung das integrierte Unternehmensmodell schlechthin. Auch beim Einsatz komplexer Modellansätze und Zahlenwerke außerhalb der Kosten- und Leistungsrechnung bleiben beim Prozeß des Verdichtens in der Regel nur einige Kennzahlen mit Elementen der Kosten- und Leistungsrechnung übrig, mit deren Hilfe ein Unternehmen weitgehend gesteuert wird.

Die theoretisch begründete Kritik an der Unzulänglichkeit und an den Fehlern der vorhandenen Kosten- und Leistungsrechnungssysteme steht somit in beachtlichem Gegensatz zu ihrer empirischen Relevanz.

Mit dieser Untersuchung wurde nachgewiesen, daß die bisher eingesetzten Modelle der Kostenrechnung unterschiedlichen unternehmenspolitischen Zielsetzungen entsprechen. Außerdem wurde erläutert, daß die bisherigen Instrumente der Kostenrechnungspolitik erweitert werden können und damit das Spektrum der mit Hilfe der Kostenrechnung zu beantwortenden Fragen ausgeweitet werden kann.

Schließlich wurde die enge Bindung zwischen Kostenrechnung und Planung deutlich. Die aktuellen Modelle der Kostenrechnung sind zugleich auch stets Beispiele für partielle Planungsmodelle[70] [71].

Die weitere Verbesserung des Rechnungswesens führt zu einer immer engeren Anbindung an die Modelle der Handelsprogrammpolitik. Auf lange Sicht sollte angestrebt werden, diese Verbindung systematisch auszubauen. Dann werden manche Modelle des Rechnungswesens in ihrer klassischen Form überflüssig werden.

---

70) Vgl. dazu die Fallstudie 35 in diesem Band, S. 127 ff.

71) Umfassender und in einem größeren Zusammenhang werden die hier behandelten Fragen untersucht in Tietz, Bruno: Die Grundlagen des Marketing, 3. Bd.: Das Marketing-Management, München 1976.

Standardsoftwaresysteme
zur betrieblichen Kostenrechnung

Ergebnisse einer empirischen Untersuchung des Softwareangebotes

Von Prof. Dr. Dieter B. Pressmar, Hamburg
und Dipl.-Kfm. Rolf Hansmann, Hamburg

Inhaltsübersicht

1. Bedeutung der Standardsoftware für den Anwender

2. Anforderungen an den Leistungsumfang von Standardpaketen der Kostenrechnung

3. Kriterien für die Auswahl fremdbezogener Softwaresysteme

4. Empirische Grundlagen der Untersuchung

5. Ergebnisse der Untersuchung
   5.1. Kriteriengruppe I (Verträglichkeit)
   5.2. Kriteriengruppe II (Systemleistung)
   5.3. Kriteriengruppen III und IV (Anbieterleistung und Vertragsgestaltung)

6. Zusammenfassung

1. Bedeutung der Standardsoftware für den Anwender

Datenverarbeitungsprozesse kommen durch das Zusammenwirken des Hardwaresystems mit dem Softwaresystem zustande. Das Hardwaresystem wird von den Geräten und technischen Komponenten der maschinellen Datenverarbeitungsanlage gebildet.

Zum S o f t w a r e s y s t e m zählen alle im Hardwaresystem implementierten Programme; sie prägen den Datenverarbeitungsgeräten die vom Benutzer vorgegebenen Arbeitsabläufe ein und stellen das Datenverarbeitungssystem in den Dienst des Anwenders. Das Softwaresystem schafft damit jene Kommunikationsumwelt für den Anwender, in welcher er seine Aufgaben von der Maschine bewältigen läßt oder im Dialog mit dem System Lösungen erarbeitet.

Im allgemeinen wird das Softwaresystem in z w e i S u b s y s t e m e unterteilt, von denen eines, das Betriebssystem (Operating System), sehr eng mit dem Hardwaresystem verzahnt ist, während das andere, das Anwenderprogrammsystem, die Kontakte mit dem Benutzer und seinem individuellen Informationssystem herstellt.

Das B e t r i e b s s y s t e m umfaßt die Programme für die Selbstverwaltung und Bedienungsautomatisierung der Anlage; es enthält Übersetzungsprogramme (Compiler) für Programmiersprachen und bietet darüber hinaus oftmals Dienstprogramme für häufig wiederkehrende Verarbeitungsroutinen an, wie Testhilfen, Sortierverfahren oder Datenorganisations- und -verwaltungsverfahren.

Zum A n w e n d e r p r o g r a m m s y s t e m zählen alle jene Programme, die der Anwender für die Gestaltung seines individuellen computergestützten Informationssystems benötigt. Während die Programme des Betriebssystems in der Regel vom Hardwarehersteller geliefert werden, sind Anwenderprogramme entweder vom Anwender selbst hergestellt, oder sie werden fremd bezogen. Fremdbezug kann die Beschaffung eines Programmsystems von einem Softwarehaus, einem Anlagenhersteller oder einem anderen Computeranwender bedeuten. Dabei können Kauf-, Miet- oder Mietkaufkonditionen vereinbart sein. Wegen ihres häufig als günstig angesehenen Preis-Leistungs-Verhältnisses haben sogenannte Standardprogramme oder Standardsoftwaresysteme eine hervorragende Stellung auf dem Softwaremarkt; und der potentielle Softwareanwender muß gerade in diesem Fall die Frage des make or buy (Eigenherstellung oder Fremdbezug) beantworten.

S t a n d a r d p r o g r a m m s y s t e m e zeichnen sich gegenüber den anderen als Individualprogramme zu bezeichnenden Softwarepaketen vor allem dadurch aus, daß sie mit dem Anspruch entwickelt werden, für eine bestimmte, typische und weitverbreitete Verarbeitungsaufgabe, wie Finanzbuchhaltung, Lohnabrechnung, Fakturierung oder Kostenrechnung, eine allgemeingültige Verfahrensvorschrift des Computereinsatzes in diesem betreffenden Anwendungsgebiet anzubieten.

Auf diese Weise kann dasselbe Programmsystem mit möglichst geringer Modifikation mehreren Anwendern zur Verfügung gestellt werden, wobei sich die Bezugspreise derartiger Programme deutlich unterhalb der Entwicklungskosten eines Individualprogramms bewegen.

Die Standardisierung von Programmsystemen kann in verschiedener Weise erreicht werden, je nachdem, welche softwaretechnische Konzeption verwirklicht wird:

— Am häufigsten werden Programme angeboten, die mit Hilfe von Parametereingabedaten zur Steuerung und Modifikation des Programmablaufes an bestimmte individuelle Anforderungen des Anwenders angepaßt werden.

— Eine andere Methode, individuelle Anpassungen zu erreichen, besteht darin, das Programmsystem in möglichst viele Einzelprogramme bzw. Unterprogramme aufzulösen (zu modularisieren) und diese Moduln dann zu einem benutzerspezifischen Softwaresystem zusammenzufügen.

— Der dritte Weg besteht schließlich darin, an Stelle eines fertigen Systems von Programmen ein Programmiersystem anzubieten. Aufgabe eines Programmiersystems muß es sein, eine stark aggregierte Programmiersprache (Makrosprache) für das Standardanwendungsgebiet dem Anwender zur Verfügung zu stellen, so daß dieser in der Lage ist, mit wenigen Programmierkommandos sein quasi individuelles Softwaresystem ebenfalls mit Hilfe des Computers selbst zu generieren. Diese Technik der Gestaltung von Standardsoftware bietet naturgemäß dem Benutzer die größeren Freiheitsgrade und schafft damit einen fließenden Übergang zu Individualprogrammsystemen.

Die Standardisierung von Softwaresystemen wirft für den Hersteller grundsätzlich zwei unterschiedliche Probleme auf: Einmal muß es möglich sein, das Anwendungsgebiet verbindlich und umfassend genug abzugrenzen und die damit verbundenen Verfahrensweisen zu standardisieren; sodann besteht die Aufgabe, den DV-Prozeß des Anwendungsgebietes zu definieren und ihn mit Hilfe eines standardisierungsfähigen Softwaresystems zu realisieren. Daraus ergibt sich die Schwierigkeit, sowohl unter den fachspezifischen Aspekten des Anwenders als auch bezüglich des softwaretechnischen Ansatzes eine umfassende und zugleich anpassungsfähige Problemlösung zu schaffen.

Es gibt verschiedene Gründe dafür, daß die genannten Ziele der Standardprogrammentwicklung nur in wenigen Fällen erreicht werden. Zunächst ist festzustellen, daß beispielsweise im Bereich der administrativen Datenverarbeitung bisher kaum allgemeingültige und nachweisbar standardisierungsfähige Verfahrens- und Modellvorschläge für Computeranwendungen erarbeitet wurden[1]. Als eine der wenigen Ausnahmen sind jedoch in diesem Zusammenhang die Programmsysteme der Finanzbuchhaltung zu nennen. Hier wurden Vereinheitlichungstendenzen bereits durch die Vorschriften der Gesetzgebung und die Ausführungsbestimmungen der Finanzämter erzwungen. Aus diesem Grunde ist es verständlich,

---

1) Ein Vorschlag, für den Bereich der Kostenrechnung ein standardisiertes DV-Modell zu entwickeln, findet sich bei Pressmar, D. B.: Das Strukturmodell des maschinellen Datenverarbeitungsprozesses einer betrieblichen Kostenrechnung, in: Schriften zur Unternehmensführung, Bd. 22, S. 67 ff. und Bd. 23, S. 93 ff.

wenn gerade auf diesem Gebiet häufig Standardsoftwaresysteme eingesetzt werden.

Nicht selten werden sogenannte Standardprogramme auf dem Softwaremarkt angeboten, die in Wirklichkeit als Individualprogramme entwickelt und hergestellt wurden. Die Bezeichnung „Standardsoftware" bzw. „Standardprogrammsystem" wird vor allem wegen dieser Usance vieler Softwarehäuser und Programmanbieter mit Skepsis zur Kenntnis genommen.

Auch wenn die Anforderungen an ein Standardprogramm nur ausnahmsweise in vollem Umfang erfüllt sind, wird die Übernahme eines lauffähigen Programmsystems für den Anwender in vielen Fällen v o r t e i l h a f t sein. Die K o s t e n d e s P r o g r a m m e r w e r b s sind – nicht zuletzt wegen der Konkurrenzsituation auf dem deutschen Softwaremarkt – in der Regel so günstig, daß auch eine Adaption durch programmtechnische Überarbeitung und Ergänzung des Fremdprogramms wirtschaftlicher ist als die Eigenentwicklung eines Individualprogramms.

Am Beispiel eines Programmsystems zur K o s t e n r e c h n u n g sollen diese Zusammenhänge verdeutlicht werden: Erfahrungsgemäß hat sich auf dem Softwaremarkt im Bereich der administrativen DV-Anwendung ein Preisniveau ergeben, das etwa $^1\!/_5$ bis $^1\!/_{10}$ der (kalkulatorischen) Entwicklungskosten für ein Programmsystem entspricht. Da Softwareanbieter davon ausgehen, daß ihre Produkte im administrativen Bereich fünf- und zehnmal im günstigsten Fall verkauft werden, haben sich die Marktpreise auf ein entsprechendes Niveau eingestellt. Bei Kaufpreisen von 50 000 DM bis 100 000 DM läßt sich abschätzen, daß Kostenrechnungssysteme zwischen 250 000 DM und 1 000 000 DM oder mehr an Herstellungskosten verursachen. Selbst wenn Anpassungskosten in Höhe des Kaufpreises zusätzlich entstehen, lassen sich durch Fremdbezug eines Softwarepaketes bis zu 60 % der eigenen Herstellungskosten einsparen.

Neben den als Kosteneinsparungen quantifizierbaren Vorteilen bei der Implementation eines fremdbezogenen Standardprogramms sind weitere, nur im Einzelfall quantifizierbare Vorteile in Rechnung zu stellen. Der Anbieter eines Standardprogramms wird im Normalfall auf mehrere bereits im Gebrauch befindliche Installationen seines Produktes verweisen können. Dadurch hat der potentielle Anwender die Gewähr, daß er ein in der Praxis erprobtes und ggf. auch ausgereiftes System erhalten wird. Die mit diesem praktischen Einsatz gewonnene E r f a h r u n g kann ein weiterer Anwender ohne besondere Kosten für den Transfer dieses Know-how erwerben. Dieser Vorteil wiegt um so schwerer in denjenigen Fällen, in welchen ein Anwender nicht in der Lage wäre, innerhalb der eigenen Personalkapazität jene speziellen Erkenntnisse und Erfahrungen für eine Eigenentwicklung zu finden, und daher zusätzliche Berater zu entsprechenden Kosten hinzugezogen werden müßten.

Obwohl kostenorientierte Überlegungen eine Entscheidung zugunsten der Standardsoftware in der Regel rechtfertigen, sollten mögliche damit verbundene Probleme und N a c h t e i l e nicht übersehen werden. Ein fremdbezogenes Programmsystem greift nicht nur in bestehende Verarbeitungsabläufe ein, es kann auch nur dann erfolgreich arbeiten, wenn eine ihm angemessene Organisation des Informationswesens besteht. Dieser Umstand kann gerade für die auf ein solches Programmsystem angewiesene Fachabteilung häufig zu gravierenden Änderungen der bestehenden Organisation zwingen. Insbesondere erfordert die Einführung eines umfassenden Kostenrechnungssystems häufig nicht nur Änderungen des buchungstechnischen Ablaufes; daneben kann es erforderlich sein, die Datenerfassung – vor allem im Produktionsbereich, d. h. im Bereich der Leistungserfassung – und ggf. auch die Strukturierung von Kostenstellen und Kostenträgern erheblich zu verändern, um dem organisatorischen Konzept des fremdbezogenen Softwaresystems zu genügen. Unter diesem Aspekt kommt der Flexibilität und der einfachen Modifizierbarkeit eines fremdbezogenen Programmsystems größte Bedeutung zu. Fehlt die gebotene Flexibilität, so bleibt dem Anwender noch die Alternative, sich völlig dem organisatorischen Konzept des Informationssystems unterzuordnen. Solange diese Organisationsstruktur betriebswirtschaftlich und verarbeitungstechnisch als vorbildlich gelten kann, mag die Bereitschaft zur Anpassung wünschenswert sein. Allerdings hängt diese Bereitwilligkeit sehr stark von Mentalität und Traditionsverbundenheit des Anwenders ab; erfahrungsgemäß verfügt gerade der mitteleuropäische Unternehmer nicht immer über ein solches Maß an pragmatischem Selbstverständnis, daß er sich einem von Betriebsfremden vorgeschlagenen Organisationskonzept bedingungslos unterwirft.

2. Anforderungen an den Leistungsumfang von Standardpaketen der Kostenrechnung

Der Leistungsumfang eines Programmsystems zur Kostenrechnung kann unter den folgenden Aspekten betrachtet werden:

a) Qualität und Vielfalt der betriebswirtschaftlich relevanten Datentransformation;

b) Anpassungsfähigkeit bei der Eingliederung in das bestehende betriebliche Informationssystem und seine Organisationsstruktur,

c) Transportabilität der Programme,

d) Benutzerkomfort.

Die Qualität der betriebswirtschaftlich relevanten Datentransformation wird dadurch bestimmt, daß alle für die Kosten- und Erlösrechnung erforderlichen Daten vollständig und mit der gebotenen Differenzierung und dem erforderlichen Detaillierungsgrad verarbeitet werden können.

Datenformate des Softwaresystems müssen daher in ihrem Aufbau und Inhalt so breit angelegt sein, daß mehrere unterschiedliche Kostenrechnungsverfahren entsprechend den Erfordernissen des Benutzers verwirklicht werden können. Im Hinblick auf eine flexible Plankostenrechnung muß ein DV-System insbesondere bei der Festlegung von Kosteneinflußgrößen möglichst große Variationsmöglichkeiten eröffnen; es sollte so gestaltet sein, daß es dem Benutzer freigestellt ist, mit vielen oder wenigen Einflußgrößen zu arbeiten. Daneben muß das Softwaresystem über eine Reihe von Verarbeitungsmoduln verfügen, die alle wesentlichen Verfahren der Kostenrechnung, wie z. B. Plan-, Ist-, Voll- und Teilkostenrechnungen, umfassen.

Anpassungsfähigkeit an das betriebliche Informationssystem bedeutet vor allem, daß die Organisation des betrieblichen Rechnungswesens, z. B. in Gestalt des Kontenrahmens für die Arten-, Stellen- und Trägerrechnung, vom System ohne Änderungen übernommen werden kann, sofern dies der Benutzer wünscht.

Eine weiter gehende Forderung ist in diesem Zusammenhang die Fähigkeit, Daten aus dem bestehenden Berichtswesen maschinell in das Kostenrechnungssystem einzuspeisen und Ergebnisdaten der Kostenrechnung an benachbarte Subsysteme abzugeben. Hierbei kommt insbesondere der Gestaltungs- und Darstellungsflexibilität für die gedruckten oder über Sichtgeräte an die Fachabteilungen gelieferten Informationen eine überragende Bedeutung zu.

Transportabilität von Programmen bedeutet, daß sie mit minimalen Änderungen oder völlig unverändert von einem maschinellen Datenverarbeitungssystem auf eine zweite, typenverschiedene Anlage übertragen werden können.

Unabdingbare Voraussetzung hierfür ist zunächst die Verwendung einer möglichst allgemeinverbindlichen Programmiersprache bzw. eine derart gewählte Untermenge einer solchen Sprache, daß weitgehende Sprachkompatibilität besteht. Angesichts der weiteren Verbreitung der Programmiersprachen COBOL und RPG vor allem im Bereich der administrativen (kommerziellen) Datenverarbeitung müßten Softwaresysteme auf dieser Sprachebene programmiert sein, wobei einschränkend festzustellen ist, daß RPG fast ausschließlich auf Kleinanlagen eingesetzt wird[2]).

Probleme bei der Implementation von Fremdprogrammen können aber auch dadurch entstehen, daß die zur Durchführung des DV-Prozesses erforderlichen Hardware-Komponenten, wie Sichtgeräte, Speichereinrichtungen, oder bestimmte Subsysteme des Betriebssystems, wie Dialogsteuerung, Datenbanksystem, nicht vorhanden sind. Diese konzeptionell bestimmten Einschränkungen der Transportabilität eines Softwaresystems werfen häufig ebenso große Probleme auf wie die verwendete Programmiersprache. Aus diesen Gründen kann es durchaus naheliegend sein, ein Individualprogramm in Eigenentwicklung herzustellen, obwohl damit erheblich größere Herstellungskosten in Kauf zu nehmen sind, als dies beim Bezug eines Fremdprogramms der Fall wäre.

Mit der Bezeichnung **„Benutzerkomfort"** können alle jene Eigenschaften und Fähigkeiten eines Softwaresystems umschrieben werden, die den Anwender in die Lage versetzen, einmal die technischen Möglichkeiten eines modernen Hardwaresystems in Anspruch zu nehmen und zum anderen mit einem minimalen eigenen Aufwand Programmodifikationen und Varianten der DV-Prozeßgestaltung, der Dateneingabe oder der Datenausgabe zu erzielen.

---

2) Empirische Untersuchungen zeigen z. B. für das Jahr 1974/75 folgende Präferenzreihenfolge in der Verwendung von höheren Programmiersprachen· 1. COBOL (22 %), 2. RPG (17 %), 3. PL/1 (7 %), 4. FORTRAN (6 %), 5. ALGOL (4 %); der Rest entfällt auf Assemblersprachen der verschiedenen Rechnertypen.

Die zuerst genannte Komponente des Benutzerkomforts trifft beispielsweise die Dialogfähigkeit von DV-Prozessen oder den Vielfachzugriff mehrerer Benutzer innerhalb desselben Softwaresystems. Zur zweiten Kategorie der benutzerfreundlichen Eigenschaften zählen z. B. die parametergesteuerten Programme oder Bedienungssprachen für das Softwaresystem. Durch eine geeignete, verhaltenspsychologisch richtig gestaltete, d. h. einfache, leicht erlernbare Kommandosprache für den Aufruf der optimal verfügbaren Arbeitsroutinen läßt sich dieses Ziel unter günstigen Bedingungen für den Benutzer verwirklichen.

3. Kriterien für die Auswahl fremdbezogener Softwaresysteme

Bei der Entscheidung über den Einsatz eines fremdbezogenen Programmsystems sind viele verschiedenartige Kriterien zu überprüfen. Als besondere Schwierigkeit kommt hinzu, daß nur wenige dieser Kriterien sich auf ökonomische Wertmaßstäbe abbilden lassen. Damit fehlt eine einheitliche Grundlage für den Vergleich der angebotenen Systeme untereinander. Zur Verbesserung der Transparenz über die Entscheidungssituation kann das auf Seite 109 dargestellte Polaritäts-Profildiagramm dienen.

Der im folgenden angegebene Katalog[3] mit den wichtigsten Beurteilungskriterien ist in vier Hauptgruppen unterteilt, die sich auf die technischen und inhaltlichen Merkmale der angebotenen Programmsysteme, auf die Leistungsfähigkeit des Anbieters und schließlich auf die vertragliche Gestaltung des Softwareerwerbs beziehen.

K r i t e r i e n g r u p p e I: Verträglichkeitsvoraussetzungen für das vorhandene maschinelle DV-System

a) Hardware-System

   1. Bindung an einen bestimmten Anlagentyp (Anlagenfamilie)

   2. Art, Anzahl und Kapazität der peripheren Speichergeräte

   3. Art und Anzahl der Dateneingabegeräte

   4. Art und Anzahl der Datenausgabegeräte

   5. Art und Anzahl der Dialoggeräte

b) Software-System

   1. Eignung der dem Benutzer zugänglichen Compiler und Assembler für die Quellensprache(n) des Programmsystems, ggf. Verträglichkeit mit den verfügbaren Objektprogrammen[4]

---

3) Dieser Katalog ist zum Teil angelehnt an KRABAS, „Kriterien für die Auswahl und Beurteilung von Anwendersoftware", herausgegeben vom VDMA; Frankfurt/M.-Niederrad 1973.

4) Die Form des Objektprogramms entsteht, wenn ein Quellenprogramm übersetzt, montiert und in einen direkt ausführbaren Zustand überführt wurde. Objektprogramme können in den Hauptspeicher geladen und unmittelbar gestartet werden.

2. Verträglichkeit mit dem Betriebssystem und seiner Kommandosprache (Job-Control-Sprache)

3. Verfügbarkeit der benötigten Dienstprogramme des Betriebssystems

4. Verträglichkeit mit dem bestehenden Anwenderprogrammsystem

5. Anpassungsfähigkeit des Fremdsystems an vorhandene Programmsysteme z. B. durch parametrische Programm-Modifikation oder mit Hilfe von Überbrückungsprogrammen (bridge-programs)

6. Verträglichkeit mit Datenspeicherungs- und Datenverwaltungssystemen (Datenbanksystemen)

7. Verwaltungsprogramme des Betriebssystems für Dialog- und Vielfachzugriffssysteme

Kriteriengruppe II: Leistungsumfang des Fremdsystems

a) Benutzerkomfort

1. Softwaretechnische Transparenz und Flexibilität (strukturierte und normierte Programmierung)

2. Batch- bzw. Dialog-System oder beides optional

3. Anschluß an ein Datenbanksystem

4. Qualität der durch Parameterdaten gesteuerten Modifikationen des Verarbeitungsablaufes

5. Qualität einer Bedienungs- und Handhabungssprache für das System

6. Selbstüberwachung des Prozeßablaufes zur Vermeidung von Bedienungsfehlern des Maschinenpersonals

7. Umfang der Fehlerdiagnose und der Fehlerdokumentation

b) Betriebswirtschaftliche Relevanz des Verfahrensablaufes

1. Umfang und theoretische Qualität der programmierten Verfahren zur Kosten-, Leistungs- und Erlösrechnung

2. Flexibilität des Fremdsystems bezüglich einer Anpassung an bestehende Organisationsstrukturen und Nummerungssysteme

3. Quantitative Beschränkungen bei der Definition von Kostenarten, -stellen bzw. -trägern

4. Beschränkungen in der Anzahl der Stellen des Nummernschlüssels für die Identifizierung von Kostenarten, -stellen bzw. -trägern

5. Beschränkungen hinsichtlich der Anzahl von Einflußgrößen und sonstigen Leistungsdaten

6. Flexibilität des Datenabgabesystems im Hinblick auf Standarddarstellungen der Kostenrechnung und Antworten auf gezielte Fragen von Fachabteilungen

Kriteriengruppe III: Leistungsumfang des Anbieters

a) Systemeinführung

1. Zeitdauer und Personalaufwand für die Implementation des Softwaresystems

2. Zeitdauer und Personalaufwand für die Umstellung, Anpassung und Vorbereitung des Rechnungswesens und der Datenerfassung bis zur vollen Funktionsfähigkeit

3. Art und Umfang der Unterstützung des Anbieters bei der Anpassung und organisatorischen Umstellung der Kostenrechnung

4. Testhilfen einschl. Testdatenbereitstellung für die Funktionsprüfung des Softwaresystems nach Abschluß einer Implementation

5. Durchführung von Probeläufen mit dem neuen System

6. Schulung von Mitarbeitern der Fachabteilung, der Programmbetreuung und der Maschinenbedienung

7. Bereitstellung umfassender und aktueller Dokumentationsunterlagen (Systemanalyse und Programmbeschreibung, Benutzerhandbuch und sonstige Anweisungen an die Maschinenbedienung bzw. Arbeitsvorbereitung im Rechenzentrum)

8. Zahl der bisher durchgeführten Implementationen als Maß für den Erfahrungsumfang

b) Systemanwendung

1. Betriebssicherheit und Fehlerfreiheit

2. Verarbeitungsleistung (Laufzeit) und dabei auftretende Kapazitätsinanspruchnahme einzelner Komponenten des Hardwaresystems

3. Beseitigung von Fehlern durch den Anbieter (Garantiedauer, Kosten- und Schadenersatz)

4. Wartung des Systems im Hinblick auf Verbesserung und Austausch oder Ergänzung einzelner Systemkomponenten

5. Umstellungsunterstützung durch den Anbieter für den Fall des Übergangs auf neues Hardwaresystem oder bei Änderung des Betriebssystems

6. Langfristige Zuverlässigkeit und Verfügbarkeit des Anbieters

Kriteriengruppe IV: Vertragsgestaltung

a) Kostensituation

1. Kosten für die Nutzung des Softwaresystems (Miete, Mietkauf, Kauf)

2. Kosten für die Systemeinführung

3. Kosten für die programmtechnische Systemanpassung

4. Kosten für die organisatorische Vorbereitung des Rechnungswesens auf das neue System

5. Kosten der laufenden Systembetreuung und Wartung

b) Spezielle Vertragsbedingungen

1. Möglichkeiten des Wechsels von Miete und Kauf

2. Fristen für Abnahmetests, Gewährleistung und Systemeinführung

3. Garantien für die Verfügbarkeit und quantitative Leistungsfähigkeit des Systems

4. Aushändigung der Quellenprogramme

5. Eigentumsrechte an den Originalprogrammen

6. Regelung des Schadenersatzes bei Systemfehlern und Systemzusammenbrüchen

7. Rücktrittsrechte

Obwohl die meisten Punkte des Kriterienkatalogs für sich selbst sprechen, soll auf einige besonders wichtige Fragen des Fremdbezugs von Software eingegangen werden. Der Überblick über die Kriterien zeigt, daß überwiegend hardware- und softwaretechnische Probleme bei der Beurteilung von fremdbezogenen Informationssystemen im Vordergrund stehen. Lücken im Angebot betriebswirtschaftlicher Methoden lassen sich häufig durch zusätzliche Programme schließen, während konzeptionelle Unverträglichkeiten im technischen Ablauf des DV-Prozesses ein Softwaresystem für den Benutzer als nicht operabel erscheinen lassen.

So ist neben der Kostensituation die A n p a s s u n g s f ä h i g k e i t des Programmsystems an die individuellen Wünsche des Anwenders erfahrungsgemäß das wichtigste Argument bei der Entscheidungsfindung. Dabei ist von größter Bedeutung, ob der Anbieter dem späteren Benutzer die leicht nachvollziehbaren und änderungsfähigen Q u e l l e n p r o g r a m m e oder nur die verschlüsselten O b - j e k t p r o g r a m m e zur Verfügung stellt.

Programmsysteme werden häufig in der Form von O b j e k t p r o g r a m m e n angeboten, um damit durch Geheimhaltung der Programmquellen einen zusätzlichen Urheberrechtsschutz zu erzwingen. Dies ist aus der Sicht des Anbieters durchaus verständlich, da Softwareprodukte faktisch nicht patentfähig sind und Programmquellen mit einfachen Mitteln kopiert und vertragswidrig weitergegeben werden können.

Da Objektprogramme für Änderungen oder Programmzusätze allein aus technischen Gründen nicht zugänglich sind, muß sich der Bezieher von Objektprogrammen im vollen Umfang dem gelieferten Softwaresystem anpassen. Sollten sich später Programmfehler bemerkbar machen, so sind Korrekturen an Ort und Stelle nicht möglich. Nur der Anbieter, der im Besitz der Programmquellen ist, kann Fehler beheben und sonstige Änderungen oder Anpassungen vornehmen. Der Erwerber eines Programmsystems, der nicht darauf besteht, Quellenprogramme zu erhalten, geht daher mehrere Risiken ein, von denen die langfristige Bindung an den Softwarelieferanten zur Absicherung gegen Programmfehler am schwersten wiegt. Dabei muß auch für den Fall gesorgt werden, daß der Anbieter die Aktivitäten, z. B. wegen Auflösung seines Betriebes, einstellt.

Neben dem Verfahren, mit Hilfe einer Punktebewertung die einzelnen Kriterien von Programmsystemen gegeneinander abzuwägen, können auch P o l a r i t ä t s - p r o f i l e der zur Auswahl stehenden Softwareprodukte wichtige Hinweise für eine objektivierte Entscheidungsfindung liefern. In der folgenden Abbildung ist

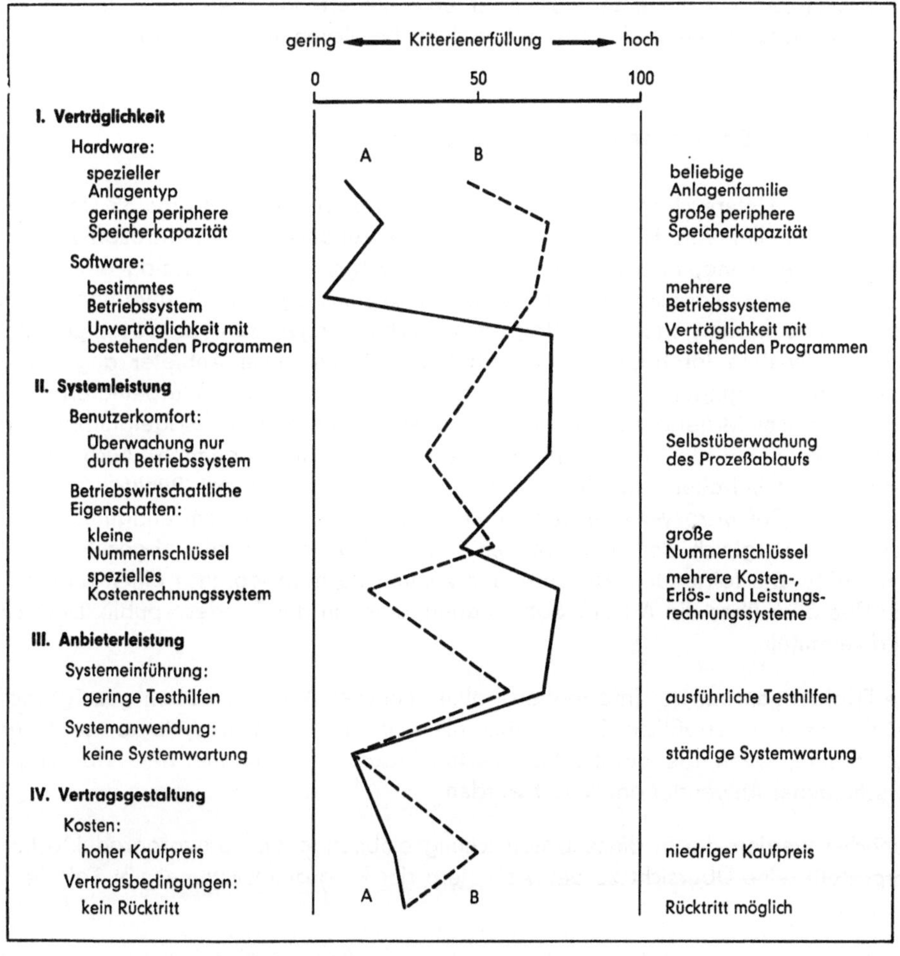

Beispiel für das Diagramm eines Polaritäts- oder Einstellungsprofils zwischen zwei Programmsystemen A und B

als Beispiel der Rahmen für ein Profildiagramm[5]) skizziert. In der horizontalen Richtung ist ein auf 100 Prozentpunkte normierter Maßstab angegeben, der die Wirksamkeit aller in der vertikalen Richtung aufgeführten Kriterien zum Ausdruck bringt. Die Polarisierung der Wirksamkeitsskala muß so erfolgen, daß am linken bzw. rechten Rand jeweils die im Sinne der Zielsetzung einer Entscheidungssituation günstigste Ausprägung des Beurteilungskriteriums liegt. Wird nun für verschiedene Softwareprodukte die Position ihrer Merkmale in der Skala in das Kriterium eingetragen, so entsteht durch Verbindung dieser Markierungspunkte eine P r o f i l l i n i e . Heben sich diese Linien für verschiedene Beurteilungsprojekte deutlich voneinander ab, so muß jenem Objekt der Vorzug gegeben werden, dessen Profil am nächsten bei der idealisierten Profillinie, beispielsweise am Rande des Diagramms, liegt. Problematisch wird die Entscheidungssituation, wenn sich die Profillinien überschneiden; dann ist eine bewertende Gegenüberstellung der Vorzüge und Nachteile in den Überschneidungsbereichen unumgänglich.

4. Empirische Grundlagen der Untersuchung

Zur Zeit der Untersuchung boten in der Bundesrepublik etwa 30 bis 35 Unternehmen – Hersteller von EDV-Anlagen und Softwarehäuser – Standardsoftware für die Kostenrechnung, insbesondere im ISIS-Katalog[6]) an. Der Katalog eignet sich jedoch nur sehr eingeschränkt als Beurteilungsgrundlage der Softwareangebote, da die dort wiedergegebenen Programmbeschreibungen sehr pauschal gehalten sind. Um weitere Informationen zu erhalten, wurden diese Anbieter angeschrieben; insgesamt gingen 11 verwertbare Antworten in Form von Werbematerial ein. Da auch dieses Material nur in wenigen Fällen hinreichende Aussagefähigkeit aufwies, wurden mit den Anbietern weitere Kontakte aufgenommen. Auch hierbei konnten nicht bei allen Anbietern die in Abschnitt 3 aufgeführten Punkte (Auswahlkriterien für Softwaresysteme) geklärt werden, so daß von einem endgültigen und wertenden Vergleich der angebotenen Standardsoftwarepakete abgesehen werden mußte. Die folgenden Ausführungen können deshalb lediglich einen allgemeinen Überblick über die Art des Softwareangebotes in der Bundesrepublik Deutschland vermitteln.

Die Erfahrungen mit der Informationspolitik mancher Anbieter haben gezeigt, daß detaillierte und verläßliche Daten über die einzelnen Softwaresysteme nur zu erhalten sind, wenn die bereits installierten Programme anhand der Erfahrungen verschiedener Anwender analysiert werden.

Zunächst werden die in diese Untersuchung einbezogenen Softwareprodukte kurz vorgestellt; eine Übersicht zu den Anbietern der Programmsysteme gibt Tabelle 1.

---

5) Andritzky, K.: Der Zusammenhang zwischen Skalenbreite und Urteilsverhalten, in: Der Marktforscher, 3, 1976, S. 60 ff.; Nagtegaal, Heinz: Grundlagen des Marketing, Wiesbaden 1972, S. 184 und S. 244; Trommsdorff, Volker: Die Messung von Produktimages für das Marketing, Grundlagen der Operationalisierung, Köln - Berlin - Bonn - München 1975.

6) Infratest Wirtschaftsforschung GmbH: Software Report ISIS, München 1974/1975/1976.

Produkt-nummer	Produktbezeichnung	Softwareanbieter
1	APS80 bis APS89	Rado-Plan, Poing
2	BIK3	Bruderhaus, Reutlingen
3	COMET	Siemens, München
4	EKS	GDO, Hamburg
5	EDB	PLUS, Hamburg
6	IRA8, IRA9	DbO, Düsseldorf
7	KST, KTR	Organisationspartner, Bad Oldesloe
8	ORAG70	Orga-Ratjo, Nordhorn
9	PACIFIC	IBM, Stuttgart
10	PROKOS	MBP, Dortmund
11	UNIREB	Sperry Univac, Frankfurt/Main

Tabelle 1

Produkt 1:

Das Gesamtsystem Kostenrechnung steht mit verschiedenen anderen „Arbeits-Programm-Systemen" des Herstellers auf dem Gebiet des Rechnungswesens und des Produktionsbereiches in Verbindung, kann aber auch als Einzelsystem gefahren werden, sofern die Dateneingabekonventionen erfüllt sind. Das System ist in 10 Programmkomplexe aufgeteilt, von denen einige zum Untersuchungszeitpunkt verfügbar waren (Betriebsabrechnungsbogen, Deckungsbeitragsrechnung, Plankostenrechnung, innerbetriebliche Leistungsabrechnung, Management-Informationssystem). Die Anwendungsbereiche dieser Teilsysteme sind auf Industrie, Handel und Banken konzentriert.

Produkt 2:

Das System „Bruderhaus Integrierte Kosten- und Ergebnis-Rechnung" ist für die Fertigungsindustrie entwickelt worden und kam bisher im Maschinenbau zum Einsatz. Für dieses Anwendungsgebiet stehen Versionen für Einzel- und Kleinserienfertigung sowie für Großserienfertigung zur Verfügung.

Das System benutzt speziell Programmpakete für Materialabrechnung sowie für Lohn- und Gehaltsrechnung; es kann aber auch ohne diese Subsysteme operieren. Das Programmpaket besteht aus den vier Teilen: Betriebsabrechnung, Kalkulationssatzermittlung und Kostendeckung, Kostenträgerrechnung, Budgetrechnung.

Produkt 3:

Das System „**Com**putergesteuerte **E**rfolgsplanung mit **T**eilkosten" ist auf h a n -
d e l s o r i e n t i e r t e U n t e r n e h m e n ausgerichtet und besteht aus den drei
Teilsystemen Absatzsegmentrechnung, Budgetsimulation und Berichtswesen. Die
Funktionen der Kostenrechnung werden hauptsächlich im Bereich der A b s a t z -
s e g m e n t r e c h n u n g und im Teilsystem B e r i c h t s w e s e n verwirklicht.

Produkt 4:

Das „**E**ntscheidungsorientierte **K**ostenrechnungs-**S**ystem" enthält 18 Programme,
die modular verknüpft sind. Es werden alle wesentlichen Verfahren der Kosten-
und Erlösrechnung realisiert; die Organisation der Datenein- bzw. -ausgabe ist so
variabel, daß k e i n e b r a n c h e n m ä ß i g e A u s r i c h t u n g gegeben ist.
Diese Flexibilität wird insbesondere durch die Verwendung eines internen Numme-
rungssystems sowie durch vielseitigen Einsatz interner Verrechnungspreise erreicht.
Das Softwaresystem betont in seinem gegenwärtigen Entwicklungsstand die
b u d g e t o r i e n t i e r t e K o s t e n r e c h n u n g ; die Einflußgrößenrechnung
ist nur beschränkt möglich und soll später erweitert werden.

Produkt 5:

Das Programmsystem der „**E**lektronischen **D**eckungs**b**eitragsrechnung" besteht aus
über 15 Einzelprogrammen und ist auf a b s a t z o r i e n t i e r t e U n t e r n e h -
m e n ausgerichtet. Es arbeitet nach einem differenzierten System der D e k -
k u n g s b e i t r a g s r e c h n u n g und ermöglicht detaillierte produktbezogene
Umsatz- und Absatzrechnungen.

Produkt 6:

Die beiden „**I**nternal **R**eporting and **A**ccounting"-Systeme umfassen die Produk-
tionserfolgsrechnung (IRA9) und die Bereichserfolgsrechnung (IRA8), wobei der
Schwerpunkt auf dem f e r t i g u n g s t e c h n i s c h e n E i n s a t z liegt. Durch
variabel zu gestaltende Hinweise auf Ist-Soll-Abweichungen stellen die Programme
automatisch L e n k u n g s i n f o r m a t i o n e n für spezielle Informations- und
Verantwortungsbereiche zur Verfügung.

Produkt 7:

Die beiden Programmsysteme KST und KTR sind Teile eines Gesamtsystems der
S t a n d a r d k o s t e n r e c h n u n g , das seine Schwerpunkte in der Bereichserfolgsrechnung unter Berücksichtigung innerbetrieblicher Leistungen sowie in der
Plan- und Budgetrechnung mit fixen und variablen Bestandteilen hat. Das System
ist auch für die Ermittlung von Plandaten ausgelegt.

Produkt 8:

Das „Normprogramm" ORAG70 behandelt die Kostenarten und Kostenstellenrechnung; es ist bereits in verschiedenen Branchen zum Einsatz gekommen. Weiterführende Systeme sind ORAG71 für die Auftragsrechnung und ORAG72 für die Ergebnisrechnung. Die im folgenden Abschnitt 5 gemachten Ausführungen gelten nur für ORAG70. Dieses Programmsystem vermag durch die problemspezifische Wahl interner Verrechnungspreise alle gebräuchlichen Kostenrechnungssysteme abzubilden; dabei können verschiedene Kostenrechnungsverfahren parallel benutzt werden.

Produkt 9:

Es handelt sich um ein „Planungs-Abrechnungs-Kontroll- und Informationssystem für die Bauindustrie", das aus den drei Teilen Kalkulation, Bauabrechnung und Rechnungsschreibung, Kostenkontrolle besteht. Jedes Teilsystem kann auch als eigenständiges Programmpaket angewandt werden. Das Kostenkontrollsystem besteht aus den Programmen Externer Anschlußteil, Finanzbuchhaltung, Kontokorrentbuchhaltung, Betriebsabrechnung und Kostenkontrolle.

Produkt 10:

Das „**Pro**grammsystem **Kos**tenrechnung" besteht aus mehr als 25 Moduln zur tabellenorientierten Manipulation und Verknüpfung von Matrizen und Vektoren in der Weise, daß die bekannten Kostenrechnungstechniken formuliert werden können. PROKOS ist daher nicht als Kostenrechnungssystem zu bezeichnen, es realisiert vielmehr die Funktionen eines Programmiersystems, mit dessen Hilfe der Benutzer sein(e) eigenes(n) Kostenrechnungssystem(e) selbst gestalten kann. Diese Technik der Datenverarbeitung ist so flexibel, daß mit ihr außer der Kostenrechnung auch andere Probleme der Datenaufbereitung im Rechnungswesen behandelt werden können.

Produkt 11:

Das Programmsystem „**UNIVAC Re**chnungswesen/**B**etriebsabrechnung" bildet gemeinsam mit den Systemen UNIRET (Kostenträgerrechnung) und UNIREF (Finanzbuchhaltung) das Gesamtsystem UNIRES (Rechnungswesen). UNIREB enthält Moduln für Kostenauflösung, Kostenverteilung, Kostenstellenrechnung, Soll-Ist-Vergleich, innerbetriebliche Leistungsverrechnung und Kalkulationssatzermittlung. Softwaretechnisch ist dieses Softwaresystem als Programmiersystem zu charakterisieren, da der Benutzer ein Rahmenprogramm entwickeln muß, mit dessen Hilfe Unterprogramme des UNIRES aufgerufen und aktiviert werden.

5. Ergebnisse der Untersuchung

Das von den Programmanbietern zur Verfügung gestellte Material wird anhand der Tabellen 2 bis 5 sowie 8 und 9 aufbereitet und dokumentiert. Die Gliederung der Untersuchungsergebnisse entspricht dem in Abschnitt 3 beschriebenen Kriterienkatalog zur Beurteilung von Softwaresystemen.

5.1. Kriteriengruppe I (Verträglichkeit)

Die Verträglichkeitsvoraussetzungen des Hardware- und Softwaresystems sind – soweit Informationen darüber erhältlich waren – in der Tabelle 2 dargestellt. Bemerkenswert erscheint die Tatsache, daß die Mehrzahl der Programmsysteme für Anlagen der beiden Hersteller IBM und Siemens vorgesehen sind. Dies muß als Einschränkung angesehen werden, obwohl häufig die weitverbreiteten universellen Quellensprachen COBOL bzw. RPG zur Programmierung benutzt werden.

Spezielle Anpassungen der Programmsysteme an Forderungen der Benutzer durch geeignete Programmänderungen werden von jedem Anbieter als möglich bezeichnet. Die Praxis zeigt auch, daß jeder Anbieter damit rechnet, Programmänderungen durchzuführen. Anpassungsprobleme treten dagegen bei Programmiersystemen wie PROKOS (10) oder UNIRES (11) in den Hintergrund, vorausgesetzt, der Benutzer ist gewillt, seine Forderungen auf die durch das System gegebene Flexibilität zu beschränken.

5.2. Kriteriengruppe II (Systemleistung)

Die organisatorische Flexibilität der Programmsysteme kommt vor allem in der Variabilität der Nummerungssysteme und Nummernkreise zum Ausdruck. Einmal ist die Zahl der Nummernkreise, die mit einer Kontierung verbunden werden können, von Bedeutung; zum anderen ist die maximale Anzahl der Ziffern einer Nummerung für den Benutzer und seine bestehende Organisation entscheidend.

So sind beispielsweise Versicherungsgesellschaften daran interessiert, die Nummern der Versicherungsverträge zugleich als Nummer des Kostenträgers zu verwenden. Da das Nummernsystem für Versicherungspolicen im allgemeinen sehr umfangreich ist, muß das Kostenrechnungssystem in der Lage sein, auch Nummernschlüssel mit 20 und mehr Stellen zu verarbeiten.

In Tabelle 3 sind die untersuchten Programmsysteme im Hinblick auf die Anzahl der unabhängig voneinander benutzbaren Abrechnungsnummernkreise dargestellt. Ergänzend dazu zeigt Tabelle 4 die maximale Stellenzahl innerhalb der einzelnen Nummernkreise sowie die im Programm vorgesehenen Aggregationsstufen (Verdichtungsstufen) für den Buchungsstoff. Verdichtungsmöglichkeiten sind insbesondere bei der Datenausgabe von Bedeutung, um in Abhängigkeit von der Organisationshierarchie unterschiedliche detaillierte Berichte erstellen zu können.

Produkt	Anlage[1]	Minimalkonfiguration			Sprachen	Programm-technik	Datei-organisation	Benutzereigenes Rahmenprogramm
		CPU[2]	Externe Speicher[3]					
1	IBM 360/70 SAG 4004	64 KB	2 P		COBOL RPGIL	10 Programme, innerhalb modular	sequ. random ind. seq.	nein
2	IBM 360 SAG 4004	64 KB	2 P[1]) 2 B		Assembler			nein
3	SAG 4004	64 KB	2 P		COBOL	modular	sequ., ind. seq. DB (Sesam)	nein, aber Ergänzung bestimmter Bausteine
4	IBM 360/70 SAG 4004	64 KB	2 B[1]) 2 P		COBOL	modular	sequ., random ind. seq. DB	nein
5	IBM 360/70 ICL SAG 4004	40 KB bzw. 13 KW	2 P[1]) 2 B		COBOL	Programmfolge	sequ.	nein
6	IBM 360/70	64 KB	3 P bzw. 4 B		COBOL	modular	sequ.	nein
7	IBM 360/70 SAG 4004 UNIVAC 9030	96 KB	1 P		COBOL	30 Programme + 30	isam, sequ.	nein
8	IBM 360/70 SAG 4004 UNIVAC 9300, 9400	32 KB	3 P		Assembler	modular	sequ. ind. seq.	nein
9	IBM 360	32 KB	2 MP		PL/1	modular	sequ., ind. seq.	nein
10	insbes. SAG 4004	64 KB	3 B + 1 P 1 B + 2 P 3 P		COBOL	modular	sequ. ind. seq.	nein
11	UNIVAC 90/9000	64 KB	2 P		Moduln in Assembler, Aufruf in Assembler oder COBOL	modular	sequ. ind. seq. DB (DBS-9)	für Modulaufrufe

B = Magnetbandgerät, P = Magnetplattengerät

1) Bis auf Programmsystem 3, 9 und 11 weisen die Hersteller darauf hin, daß Implementierungen grundsätzlich auf jeder Anlage vorgenommen werden können. Die obigen Angaben beziehen sich auf die bisher vorliegenden Erfahrungen.

2) Nahezu alle Hersteller weisen auf Minimalversionen hin, die den jeweils geringsten Hauptspeicherbedarf haben und häufig in RPG programmiert sind.

3) Die angegebenen Konfigurationen stellen die jeweils als „optimal" bezeichnete Version dar.

Tabelle 2

Produkt	1	2	3	4	5	6	7	8	9	10	11
Anzahl parallel selbständiger Abrechnungskreise mit gleicher Kontierung	1	1	1	9[1]	1	[2]	praktisch unbegrenzt	999	10	1	praktisch unbegrenzt

1) Permanent verfügbar: durch temporären Austausch praktisch unbegrenzt.

2) Beliebig, da die Abrechnung in „Profit-Centers" erfolgt.

Tabelle 3

Produkt	Maximale Stellenzahl der verarbeitenden Nummernkreise					Verdichtungsstufen
	Kostenart	Erlösart	Kostenstelle	Kostenträger	übrige	
1	15	15	15	15		Kostenstellen: beliebig
2	6	6	10	8		Kostenstellen: 6
3	beliebig		—	—	Absatzsegmente	Absatzsegmente: 99
4	4	4	5	5		Kostenstellen, Kostenarten: 4
5	ca. 10	ca. 10	—	beliebig		—
6	≥ 3	≥ 3	12	12	Abrechnungsbereiche	Kostenstellen: 6
7	6	6	4	10		Kostenstellen, Kostenträger, Verbundschlüssel 5 Parallelschlüssel 3
8	5	5	5	5		Kostenstellen: 7
9	6	6	10	—	Baustellen	—
10	14[1]	14[1]	14[1]	14[2]		beliebig
11	beliebig					

1) Höchstzahl 1000 Positionen

2) Höchstzahl 27 000 Positionen

Tabelle 4

Neben der organisatorischen Variabilität ist die zeitliche Differenzierung der Daten des Rechnungswesens bedeutsam. Anhand von Tabelle 5 wird untersucht, welche Periodenaufstellung und welche Periodenvergleichsmöglichkeiten die einzelnen Kostenrechnungsprogramme zulassen. Dabei sollte beachtet werden, daß die Einführung eines 13. Buchungsmonats oder eines 5. Quartals sich aus buchungstechnischen Gründen, beispielsweise für nachträgliche Ergänzungen und Änderungen des Buchungsmaterials, in der Praxis als sehr zweckmäßig erwiesen haben.

Produkt	Abrechnungs-perioden innerhalb des Jahres	Vorperiodenvergleich	Änderung zurück-liegender Perioden
1	12 oder 4	laufende Periode und kumuliert zur Vorperiode und Vorjahr	ja
2	12	Kumulierung laufendes Jahr	nein
3	bis 24	bis 24 Perioden zurück	nein
4	bis 13	beliebige Perioden oder deren Verdichtungen	ja, über Organisationsnummern
5	12	Kumulierung laufendes Jahr	nein
6	beliebig	in 2 Verdichtungsstufen	Sonderprogramme
7	13	1 Jahr zurück, monatlich und kumuliert	sofern gespeichert
8	12	Kumulierung laufendes Jahr	Ja
9	≤ 12	beliebige Kumulierung	—
10	beliebig	beliebige Perioden oder deren Verdichtungen	Ja
11	12	Kumulierung laufendes Jahr	Ja

Tabelle 5

Einen wesentlichen Hinweis auf die betriebswirtschaftliche Relevanz der Datentransformationen liefern typische Dateninhalte im Bereich der Dateneingabe und Datenausgabe.

Bei der Dateneingabe sind zunächst formale Kompatibilitätsprobleme zu überwinden, da ein Kostenrechnungssystem den wesentlichen Teil der Eingabedaten aus dem Nachbarsystem des Rechnungswesens, z. B. der Finanzbuchhaltung und der Auftragsabwicklung, bezieht. Daher sind häufig Anpassungen an formale Datenformate vorzunehmen. Hier werden grundsätzlich drei verschiedene Wege beschritten: nachträgliche Änderung der Datenausgabe bei den Nachbarsystemen, Zwischenschaltung von Individualprogrammen zur Konvertierung der Datenformate und schließlich parametrisch steuerbare Datenübernahmeprogramme, wie dies z. B. im Programmsystem ORAG der Fall ist.

Das Eingabedatenmaterial wird im allgemeinen in festen Satzlängen von bis zu 250 Stellen übernommen. Neben Kosten- und Erlösbuchungen werden auch Schlüsseldaten für Kostenumlagen oder Mengendaten der betrieblichen Leistungserstellung verarbeitet. Mit Hilfe von Daten über die physischen Produktionsvorgänge lassen sich nicht nur theoretisch einwandfreie Kostenverrechnungen durchführen; sie sind auch Voraussetzung für eine Soll-Ist-Kontrolle im Mengenbereich.

Da sich der Inhalt der Buchungsdaten bei den einzelnen Programmsystemen kaum unterscheidet, seien in Tabelle 6 die Eingabemöglichkeiten für Mengendaten wiedergegeben.

Produkt	Charakterisierung der Eingabe von Mengen- und Leistungsdaten
1	Personalstunden, Maschinenstunden, Verbrauchsmengen
2	Arbeits- und Maschinenzeiten
3	Beliebige Mengen beliebiger Dimensionen
4	Leistungsaustausch zwischen Kostenstellen, Leistungsaufnahme der Kostenträger Planleistungen oder Istdaten möglich
5	Verkaufte, hergestellte und geplante Mengen
6	Verkaufte, hergestellte und geplante Mengen
7	Beliebig, bis zu 10 Größen je Kostenstelle
8	Verbrauchs-, Leistungs- und Beschäftigungsmengen
9	–
10	Eine spezielle Mengenart je Kostenart
11	Eine spezielle Mengenart je Kostenart

Tabelle 6

Ergänzend dazu ist festzustellen, daß in vielen Fällen Leistungsdaten vor allem für Zwecke der flexiblen Plankostenrechnung, insbesondere bei Beschaffungsvariationen, verwandt werden. Die innerbetriebliche Leistungsverrechnung wird dagegen häufig auf der Grundlage von Verteilungsschlüsseln vorgenommen, so z. B. bei den Programmsystemen 1, 2, 8, 10 und 11.

Auch im Bereich der D a t e n a u s g a b e kann zwischen formaler und inhaltlicher Vielseitigkeit unterschieden werden. Dialogfähige und interaktive Softwaresysteme werden gegenwärtig als Standardanwendungen mit Ausnahme der Produkte 3 und 11 noch nicht angeboten. Die Datenabgabe an die Fachabteilungen erfolgt in der Regel durch Übermittlung von Druckerlisten. Hier kann festgestellt werden, daß das Layout der Listen grundsätzlich wenig variabel ist. Die Spaltenanordnung kann nur bei einigen Systemen in engen Grenzen verändert werden, so bei den Produkten 1, 2, 3 und 5. Die Systeme 10 und 11 verfügen über Listengeneratoren, mit deren Hilfe durch Steuerungsdaten Variationen im Listenaufbau ermöglicht werden. Das Programmsystem 3 stellt daneben auch graphische Darstellungen zur Verfügung, die durch Rasterbilder des Schnelldruckers erzeugt werden. Variationen in der Zeilenanordnung der Listen werden durch gesteuerte Eingriffe in die Summationsvorschriften für die Postenzeilen verwirklicht; eine besondere Flexibilität weist hier das Produkt 4 auf.

Neben den Ausgabelisten zur Fehlerkorrektur und für Zwecke der Abstimmung verschiedener Buchungskreise, die von den meisten Systemen erzeugt werden, sind für die einzelnen Softwareprodukte die in Tabelle 7 genannten Ausgabedaten typisch.

Produkt	Charakterisierung der Listenausgabe
1	Betriebsabrechnungsbogen, Deckungsbeitragsrechnung, Plankostenrechnung, innerbetriebliche Leistungsverrechnung, Bereichserfolgsrechnung
2	Betriebsabrechnungsbogen, Nachkalkulation (mit KS-Standardgutschriften, Abweichungsanalyse, Kalkulationssatzermittlung) Belegeinzel- und -summenausweis, Auftragsnachweis, Kostenträgerstückrechnung, Betriebsergebnis, Plan-Ist-Kontrolle
3	Abweichungsanalyse, Trendberechnung (exponentielle Glättung 2. Ordnung), Finanz- und Bilanzsimulation, Kennzahlen, absatzsegmentbezogene Kosten-Erlös-Rechnung
4	Auf Kostenstellen und Kostenträger bezogene Analysen mit Vorjahresvergleich und Soll-Ist-Vergleich
5	Ergebnis je Kunde, je Artikel mit Abweichungsanalyse zum Plan, Gesamtergebnis
6	Plan-Ist-Vergleich nach Kostenarten und Bereichen, Deckungsbeiträge, Kennzahlen, Leistungsabweichungen, Vor- und Nachkalkulation
7	Soll-Ist-Vergleiche, Einzelpostennachweise, hierarchische und selektierte Auswertungen
8	Einzelbelegnachweis, Kostenstellenabrechnung (Ist-, Plan-, Sollkosten; Verbrauchs-, Beschäftigungs-, Leistungsabweichung; Preis je Bezugsgröße)
9	Einnahmen und Ausgaben der Kostenstelle (Bauplatz) mit Vorperiodenvergleich und Kostenartengliederung, Soll-Ist-Vergleich je Projekt
10	Betriebsabrechnungsbogen je Kostenstelle und Kostenstellen-Verdichtung, Kostenträgerrechnung mit Aggregationen, innerbetriebliche Leistungsverrechnung, Bestandsrechnung, Erfolgsrechnung
11	Einzelnachweise, Soll-Ist-Vergleich für Kostenstellen, Auslastungs- und Abweichungsübersicht

Tabelle 7

Einen Überblick über die mit Hilfe des Softwaresystems realisierten K o s t e n - r e c h n u n g s v e r f a h r e n gibt Tabelle 8.

<u>Es wird deutlich, daß die Standardprogrammsysteme ihren Verarbeitungsschwerpunkt im Bereich der Kostenarten- und Kostenstellenrechnung haben. Die Kostenträgerrechnung wird häufig mit der Erlösrechnung gestaltet, wobei Deckungsbeitragsrechnung und Direct Costing als mögliche Verfahrensvarianten angeboten werden.</u>

Kostenumlageverfahren und Verfahren der innerbetrieblichen Leistungsverrechnung werden häufig mit den buchhalterischen Techniken des traditionellen Betriebsabrechnungsbogens, beispielsweise nach dem Stufenleiterverfahren, durchgeführt; nur wenige Programmsysteme nutzen die Möglichkeit, das mathematisch aufwendigere, aber mit leistungsfähigen DV-Anlagen beherrschbare Verfahren der betriebswirtschaftlich korrekten Umlagerechnung durch Lösung eines linearen Gleichungssystems dem Benutzer verfügbar zu machen.

Produkt	1	2	3	4	5	6	7	8	9	10	11
Kostenartenrechnung	×	×	×	×	×	×	×	×	×	×	×
Kostenstellenrechnung	×	×		×		×	×	×	×	×	×
Kostenträgerrechnung:											
— Periodenrechnung	×	×	×	×	×	×	×	×	×	×	×
— Stückrechnung	×	×	(×)	×	(×)	×	×	×	×	×	×
Vollkostenrechnung[1] bei folgenden Umlageverfahren:											
— Artenverfahren	×	×		×		×	×	×	×	×	×
— Stellenverfahren (Ausgleich/Umlage)	×	×				×	×	×	×	×	×
— Trägerverfahren						×	×			×	×
— Gleichungssystem[2]				×						×	×
Teilkostenrechnung[1]:											
— Direct Costing:											
— einstufig		×	×	×	×	×	×	×		×	×
— mehrstufig			×			×	×			×	×
— Deckungsbeitragsrechnung mit relativen Einzelkosten	×		×	×			×	×	×	×	×
Flexible Plankostenrechnung							×	×		×	×

1) Zur Terminologie vgl. Heinen, E.: Industriebetriebslehre, 5. Aufl., Wiesbaden 1972, S. 816 ff.

2) Umlageverfahren auf der Grundlage eines Gleichungssystems können im allgemeinen auch bei der Teilkostenrechnung Verwendung finden.

Tabelle 8

Eine maschinelle A u f s p a l t u n g d e r K o s t e n in fixe und variable Anteile wird nur bei den Produkten 3, 10 und 11 durchgeführt, indem die Kostenentwicklung der Vergangenheit durch eine lineare Regression angenähert wird. Der Verlauf der variablen Kosten wird in Abhängigkeit von einer Einflußgröße, z. B. der Beschäftigung, grundsätzlich als linear angenommen. Die Softwaresysteme 8, 10 und 11 verwenden relative Gesamtkostenanteile (Variatoren), um die variablen Anteile des Kostenverlaufs zu erfassen. Das Programmsystem 2 arbeitet mit Kostenzuschlägen auf eine Maschinenstunde, um den variablen Kostenanteil zu berücksichtigen; nur das Kostenrechnungssystem 7 ist für eine im Sinne der flexiblen Plankostenrechnung durchgeführte analytische Kostenaufteilung konzipiert.

Alle untersuchten Programmsysteme geben D o k u m e n t a t i o n e n d e r I s t k o s t e n einer Periode sowie deren Kumulation über das laufende Geschäftsjahr. Dieselbe Kostendarstellung ist auch für Sollkosten möglich; diese werden entweder auf der Grundlage starrer Plankosten, Normal- oder Standardkosten vorgegeben. Flexible Plankosten werden mit Hilfe der Systeme 7, 8, 10 und 11 bestimmt, wobei bis zu vier Bezugsgrößen je Kostenart und insgesamt zehn Einflußgrößen je Kostenstelle vorgesehen sein können.

Ein Teil der Programmsysteme verfügt über s p e z i e l l e P r o g r a m m e z u r K a l k u l a t i o n , so z. B. das Produkt 8 mit ORAG 71 und das Produkt 11 mit UNIRET. Kaikulationen nach dem Zuschlagsprinzip können im System 2 durchgeführt werden, während das System 4 von kalkulatorischen Verrechnungspreisen ausgeht.

Neben der Kostendokumentation werden in fast allen Programmsystemen zusätzliche K e n n z a h l e n z u K o n t r o l l - u n d P l a n u n g s z w e c k e n ausgegeben, so z. B. absolute und relative Abweichungen im Soll-Ist-Vergleich, Auslastung von Kapazitäten und Kennzeichnung von Engpässen oder Angabe einer Skala von Deckungsspannen innerhalb bestimmter Produktgruppen.

Zu Planungszwecken können auch bei vielen Systemen K o s t e n s i m u l a t i o n e n durchgeführt werden. Verrechnungspreise können z. B. im System 7 routinemäßig einer Indexbereinigung unterworfen werden, um aussagefähigere Vorperiodenvergleiche durchzuführen. Schließlich bieten einige Programmsysteme die Möglichkeit, mit Hilfe von Steuerungsdaten parametrische Variationen der Erlös-, Kosten- und Leistungsdaten vorzunehmen, um auf einfache Weise unterschiedliche Simulationsergebnisse erzielen zu können.

5.3. Kriteriengruppen III und IV (Anbieterleistung und Vertragsgestaltung)

Informationen der befragten Anbieter über den Umfang des Leistungsangebotes oder über Einzelheiten der Vertragsgestaltung bei der Übernahme ihres Softwareproduktes wurden entweder überhaupt nicht gegeben oder nur sehr pauschal umschrieben. Daher ist es im Rahmen dieser Untersuchung nicht möglich, ein differenziertes Bild zu zeichnen. Tabelle 9 gibt daher die zu den beiden Kriteriengruppen III und IV in Erfahrung gebrachten Daten wieder.

Produkt	Nutzungsart	Zahl der Installationen[1]	Kosten bei Kauf ca. TDM[1]	Geschätzte Einführungszeit
1	Kauf Miete	16	65—85	½ bis 1 Jahr
2	Kauf Miete Rechenzentrum	21	40	bis ½ Jahr
3	im Rahmen des Anlagenerwerbs	?	?	3 Monate
4	Kauf	6	60	3 Monate
5	Kauf Miete	1	36	3 Monate (EDV) 9 Monate (insges.)
6	Kauf Miete	7	99	3 bis 6 Monate
7	Miete Kauf Rechenzentrum	ca. 30	96	1 bis 10 Monate
8	Kauf	20	47	3 bis 6 Monate
9	—	—	—	—
10	Kauf Miete Rechenzentrum	11	50	bis zu 2 Monaten
11	im Rahmen des Anlagenerwerbs	12[3]	?	2 bis 6 Mann-Monate

1) Lt. ISIS-Katalog 1976.
2) Diese Angaben variieren mit den Einführungsbedingungen bei den Anwendern.
3) Stand Anfang 1975.
Die Hersteller bieten grundsätzlich Einführungshilfen, etwa als persönlichen oder programmierten Unterricht sowie durch verschiedene Dokumentationen.

Tabelle 9

Es fällt auf, daß im Unterschied zum Bereich der Finanzbuchhaltung Kostenrechnungsprogramme nicht von den Hardwareherstellern, sondern in überwiegendem Maße von Softwarehäusern zur Verfügung gestellt und implementiert werden. Auch wenn die Angaben der Hersteller über die Anzahl der installierten eigenen Softwaresysteme zur Kostenrechnung nicht vollständig veröffentlicht vorliegen, kann diese Aussage aufrechterhalten werden. Eine wesentliche Ursache für diese Tendenz mag in der staatlichen Subventionspolitik bei der Softwareentwicklung gesehen werden.

Vor diesem Hintergrund und angesichts der inzwischen gestiegenen Anzahl der Installationen ist es einleuchtend, daß der K a u f p r e i s der Produkte im Verlauf der letzten drei Jahre um 10 % bis 20 % gesunken ist. Obwohl über Mietkonditionen im einzelnen keine Angaben vorliegen, läßt sich der M i e t p r e i s auf der Grundlage einer vom Anbieter häufig unterstellten Amortisationsdauer von 3 bis 5 Jahren abschätzen; danach dürfen monatliche Mietkosten zwischen 1000 DM und 3000 DM für den Benutzer entstehen. Zu diesen Kosten wie auch zu dem Kaufpreis können noch zusätzliche W a r t u n g s k o s t e n berechnet werden. Zur Abschätzung der gesamten Kostenbelastung müssen jedoch die **Einführungskosten** des Systems erfaßt werden; diese sind in Tabelle 9 nicht ausgewiesen. Bei der Einführung eines so umfassenden Systems, wie es die Kostenrechnung ist, muß einmal mit zusätzlichen Beratungskosten für die betriebswirtschaftliche und organisatorische Vorbereitung des Rechnungswesens und der Datenerfassung gerechnet werden. Zum anderen ergeben sich weitere, im Kauf- oder Mietpreis nicht kalkulierte **Kosten für Programmänderungen**, Erweiterungen des Systems und sonstige Anpassungen. Außerdem sind **Folgekosten** im Zusammenhang mit Kapazitätserweiterungen für die Fachabteilungen, die Datenerfassung und für das betriebliche Rechenzentrum zu berücksichtigen.

Die **Dauer der Systemeinführung** umfaßt vor allem die Zeit der Installation des Softwaresystems auf der gegebenen DV-Anlage. Bis zur Entwicklung der organisatorischen und betriebswirtschaftlichen Voraussetzungen und unter Einbeziehung eines mehrmonatigen Parallelbetriebes des neuen Systems neben dem vorhandenen Verfahren muß mit einer Zeitspanne von rund einem Jahr gerechnet werden.

6. Zusammenfassung

Die empirische Untersuchung hat zwar gezeigt, daß zur betrieblichen Kostenrechnung eine vergleichsweise große Zahl von Softwaresystemen verfügbar ist; es gibt jedoch offensichtlich kein System, das alle betriebswirtschaftlichen Anforderungen an die inhaltliche Gestaltung der Kostenrechnung erfüllt. Hinsichtlich der softwaretechnischen Konzeption scheint der Benutzer modulare Programmsysteme zu bevorzugen. Programmiersysteme, mit deren Hilfe der Benutzer sein Kostenrechnungssystem selbst definiert, erfordern vom Anwender große Lernfähigkeit sowie fundierte betriebswirtschaftliche Vorstellungen und Kenntnisse über die Methoden der Kostenrechnung. Wo diese Bedingungen nicht gegeben sind, kann durch ein geschlossenes System in der Praxis schneller ein Erfolg erzielt werden.

Das Auswahl- und Entscheidungsproblem läßt sich für den Erwerber eines Programmproduktes weitgehend objektivieren. Trotzdem bleibt die Schwierigkeit, die vom Anbieter geäußerten Leistungsmerkmale seines Systems und seiner Beratungstätigkeit auf ihren Realitätsgehalt zu überprüfen. Am wirksamsten scheint es zu sein, hier Klarheit zu schaffen, wenn – möglichst mit Hilfe einer neutralen, d. h. vom Erwerber nicht selbst durchgeführten Untersuchung – bei den vom Anbieter genannten Referenzinstallationen die Eigenschaften und das Betriebsverhalten des Softwareproduktes sowie die Leistungsfähigkeit der betriebswirtschaftlichen Beratung seitens des Anbieters untersucht wird.

Angesichts der günstigen Preisentwicklung auf dem Softwaremarkt für Programmpakete dürfte es jedoch unter dem Aspekt einer Wirtschaftlichkeitsbetrachtung in den meisten Fällen vorteilhaft sein, sich mit dem Gedanken des Fremdbezugs von Software vertraut zu machen.

Praktische Fälle zur Unternehmensführung

Lösung unternehmerischer Entscheidungssituationen

Fallstudie 35

Die Erfolgsrechnung als Steuerungsinstrument einer dezentralisierten Organisation,

dargestellt am Beispiel eines Lebensmittel-Filialunternehmens[1]

von Prof. Dr. Bruno Tietz, Saarbrücken
und Dipl.-Kfm. Helge Schwartz, Saarbrücken

Inhaltsübersicht

1) Die Bearbeitung des Falles wurde durch die uneingeschränkte Auskunftserteilung der ASKO Deutsche Kaufhaus Aktiengesellschaft Saarbrücken und durch Gespräche mit Herrn Dr. Helmut Wagner, dem Vorstandsvorsitzenden des Unternehmens, und Herrn Dipl.-Kfm. Dieter Braun, der für EDV und Organisation zuständig ist, ermöglicht. Die Autoren danken beiden Herren für die Informationen und Anregungen.

A. Der Gegenstand

Eine **moderne Erfolgsrechnung** im Handel muß zwei Anforderungen erfüllen:

1. Sie muß den ständigen Veränderungen der Marktbedingungen gerecht werden, um jederzeit aktuelle Informationen liefern zu können.

2. Sie muß die betriebsinternen Koordinations- und Steuerungsfunktionen übernehmen können.

In der Industrie hat sich in den letzten Jahren die **kurzfristige Erfolgsrechnung auf Grenzkostenbasis** (Deckungsbeitragsrechnung) durchgesetzt, im Handel hat sie bislang noch wenig Eingang gefunden. Zwei Gründe mögen dafür ausschlaggebend sein:

1. In theoretischen Abhandlungen wird die Deckungsbeitragsrechnung fast ausschließlich an Beispielen für Fertigungsbetriebe dargestellt; auf die speziellen Bedingungen im Handel wird kaum eingegangen.

2. Die kontroverse Diskussion der letzten Jahre über die Vor- und Nachteile der Deckungsbeitragsrechnung hat eher verunsichert als dazu ermuntert, mit dem System zu arbeiten[2]).

Im folgenden soll am Beispiel eines großen Lebensmittel-Filialunternehmens dargestellt werden, wie eine kurzfristige Erfolgsrechnung auf der Basis von Deckungsbeiträgen die Steuerung eines dezentralisierten Unternehmens unterstützen kann.

B. Die Ausgangslage und die Problemstellungen

I. Die Struktur und die Entwicklung des Unternehmens

Die Entwicklung der ASKO Deutsche Kaufhaus Aktiengesellschaft Saarbrücken — im folgenden als ASKO AG bezeichnet — läßt sich mit zwei Schlagwörtern kennzeichnen: Expansion und Diversifikation.

Die **Expansion** bezieht sich in erster Linie auf die regionale Ausdehnung des Unternehmens. Im Jahre 1972, als die ASKO Saarpfalz, Genossenschaft der Verbraucher eGmbH, in eine Aktiengesellschaft umgewandelt wurde, war das Absatzgebiet des Unternehmens noch auf das Saarland und einige angrenzende Gebiete von Rheinland-Pfalz beschränkt. Im Jahre 1974 wurde das Unternehmen fast gleichzeitig auch in Baden-Württemberg und jenseits der Grenzen im Departement Moselle in Frankreich und Luxemburg tätig.

Mit der Südwestdeutschen Verbrauchergenossenschaft (Umsatz 1975: 225 Mill. DM) wurde ein Kooperationsvertrag geschlossen, an den Unternehmen in Frankreich (Umsatz 1975: 65 Mill. DM) und Luxemburg (Umsatz 1975: 58 Mill. DM) erwarb die ASKO AG jeweils eine Mehrheitsbeteiligung. Im Jahre 1975 wurden schließlich

---

2) Vgl. dazu Schmitz, Gerhard: Von der Handelsspannenrechnung zur Deckungsbeitragsrechnung, in: Blätter für Genossenschaftswesen, 119. Jg., H. 18, 1973, S. 291–296 und S. 299.

die drei in saarländischen Mittelstädten ansässigen DK-Prisunic-Kaufhäuser voll übernommen (Umsatz 1975: 33 Mill. DM). An der DK-Kaufhaus GmbH waren vor der Übernahme die französische Gruppe Printemps-Prisunic und mehrheitlich die ASKO AG beteiligt.

Hundertprozentige Töchter der ASKO AG sind die basar SB Kaufhaus Gesellschaften mbH (Umsatz 1975: 357 Mill. DM) sowie die SÜWA-Warenvertriebs GmbH, die 1975 als Obergesellschaft der konventionellen ASKO-Lebensmittelfilialen gegründet wurde (Umsatz 1975: 182 Mill. DM). Der SÜWA vergleichbare Aufgaben soll die Apollo Norddeutsche Kaufhaus GmbH in Hamburg für den norddeutschen **Raum übernehmen.**

Abb. 1: Die ASKO Deutsche Kaufhaus Aktiengesellschaft Saarbrücken

Die **Diversifikation** der ASKO AG bezieht sich insbesondere auf die Betriebstypendiversifikation.

Erwähnt wurden bereits die SB-Warenhäuser vom Typ „basar" und die Kleinpreiswarenhäuser „Prisunic". Die ASKO AG bezeichnet diese Betriebstypen als Kaufhäuser; es handelt sich jedoch aufgrund der üblichen Abgrenzungen infolge der Sortimentsbreite einschließlich Lebensmittelabteilungen um Warenhäuser. Im Lebensmittelfilialbereich operiert die ASKO AG mit drei Betriebstypen, die sich nach Sortimentsumfang, Preisstellung und Verkaufsfläche unterscheiden:

— das sb-depot (etwa 600 Artikel),

— der Nettomarkt (etwa 1200 Artikel),

— der ASKO-Supermarkt (etwa 5000 Artikel).

Die ASKO-Gruppe umfaßt heute in Südwestdeutschland ein Netz von 270 Lebensmittelfilialen, 15 basar-SB-Warenhäusern und drei Kleinpreiswarenhäusern. Dazu kommen in Frankreich ein Groß-Supermarkt und vier Filialen sowie in Luxemburg ein SB-Warenhaus.

Gegenstand	Umsatz in Mill. DM		
	1971	1973	1975
ASKO-Gruppe	210	421	920
Filialen	177	175	182
„basar"	9	165	357
„Prisunic"	5	31	33

Tab. 1: Die Umsatzentwicklung der ASKO AG

Die rigorose Steuerung der Filialen nach dem Wirtschaftlichkeitsprinzip führt im Filialbereich eher zu einer Schrumpfung des Altbestandes; so wurden im Jahre 1973 neun und 1974 sieben Filialen geschlossen.

II. Die ASKO-Organisation

Organisatorisch ist die Zentrale des Unternehmens in zwei große Bereiche gegliedert:

1. Der **Verwaltungsbereich** ist funktional unterteilt in die Abteilungen Organisation/EDV, Rechnungswesen, Finanzen, Personal, Neue Projekte/Ladenbau.

2. Der **Marketingbereich** ist funktional unterteilt in Einkauf Non-Food, Einkauf Food und Vertrieb. Dem Vertriebsleiter sind die Bezirksleiter unterstellt, den Bezirksleitern sind die einzelnen Filialleiter untergeordnet.

Die beiden folgenden Organigramme (Abbildungen 2 und 3) geben die Organisationsstruktur wieder.

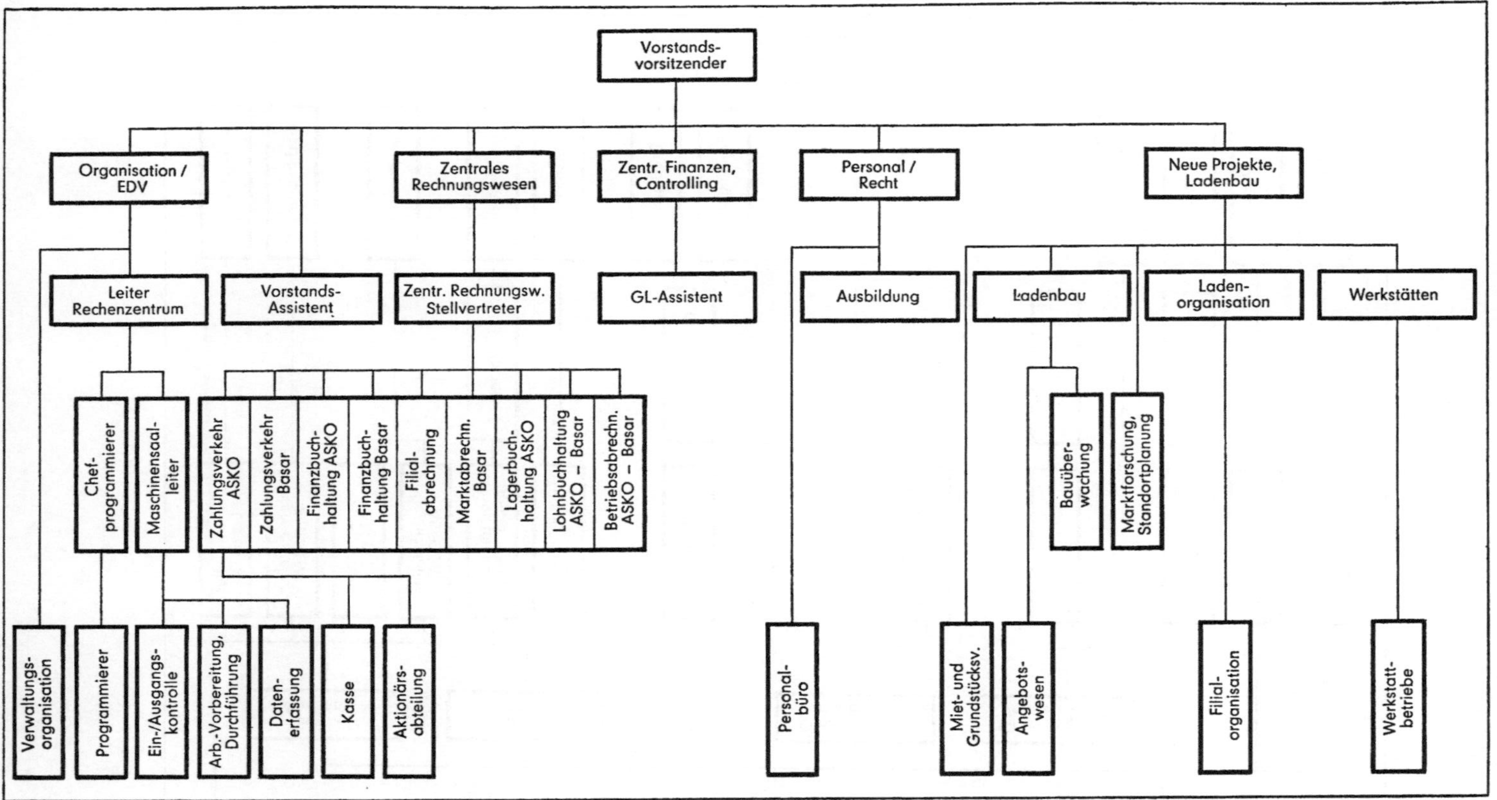

Abb. 2: Die Organisationsstruktur der Verwaltung der ASKO AG

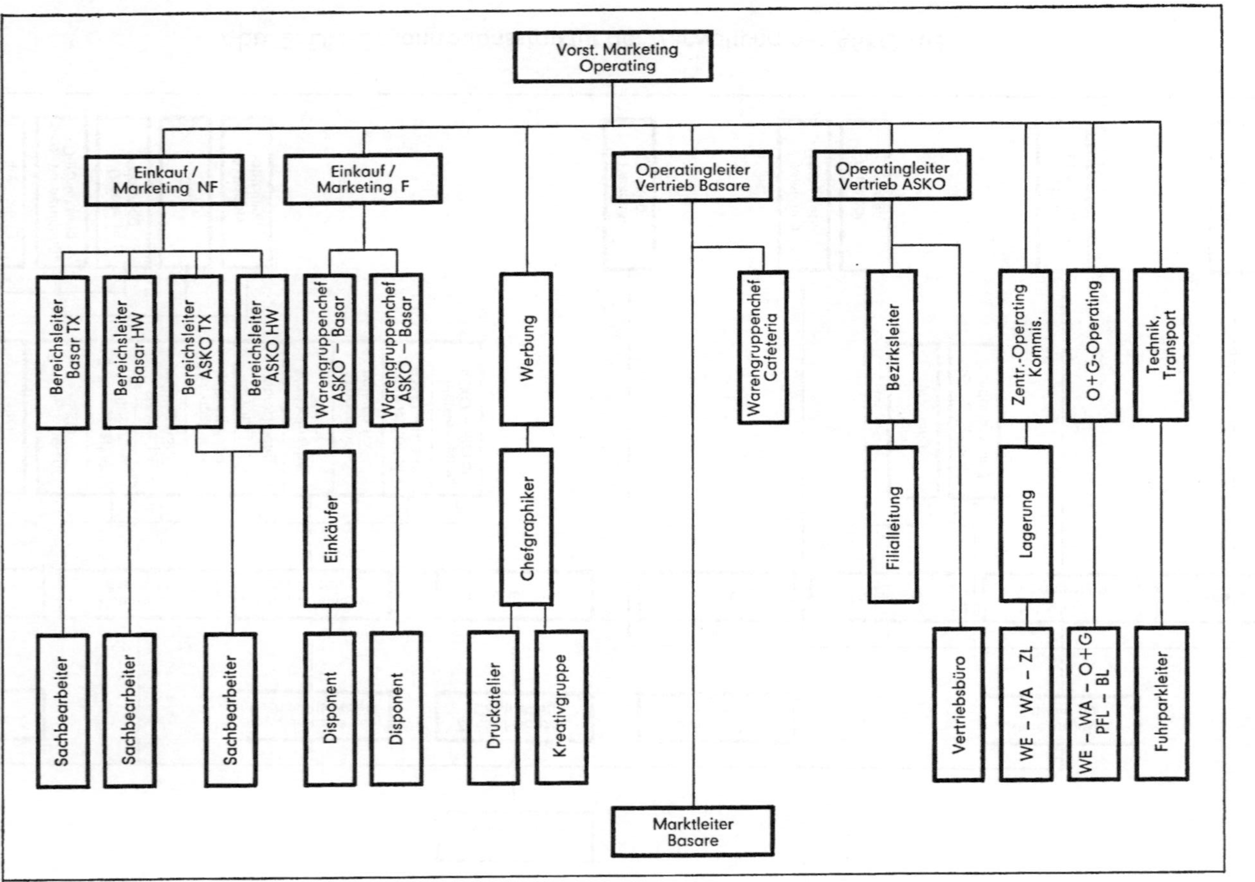

Abb. 3: Die Organisationsstruktur des Marketingbereichs der ASKO AG

Das F i l i a l s y s t e m , das sich über das Saarland, Rheinland-Pfalz, Hessen und Baden-Württemberg erstreckt, ist in 25 Vertriebsbezirke aufgeteilt, die jeweils einem Bezirksleiter unterstellt sind. Die drei Zentralläger befinden sich in Saarbrücken, Karlsruhe und Freiburg.

Die W a r e n b e s c h a f f u n g ist zentral geregelt. Als Beschaffungswege kommen in Frage:

— Warenbezüge ab Zentrallager,

— Warenbezüge über Strecke.

Mit Hilfe genauer Listungen wird vorgegeben, welche Waren über welchen Beschaffungsweg zu beziehen sind. So werden sämtliche Frischwaren, z. B. Brot und Backwaren oder das weiße Sortiment, bei eindeutig festgelegten Lieferanten über Strecke bezogen. Der einzelne Filialleiter bzw. Bezirksleiter hat lediglich Einfluß auf die zu beschaffende Menge. Die L i s t u n g d e r W a r e n erfolgt in betriebstypenspezifischen Ordersätzen, auf denen die Ladenverkaufspreise und die Lagereinstandspreise erfaßt sind.

Die A u s l i e f e r u n g a b Z e n t r a l l a g e r erfolgt tourenmäßig von Montag bis Donnerstag, so daß jede Filiale einmal wöchentlich angefahren wird. Lediglich Obst und Gemüse werden täglich angeliefert.

III. Zur Entwicklung der Kostenrechnung

Bis zum Jahre 1970 arbeitete die ASKO AG mit einem Kostenrechnungssystem, das den differenzierten Anforderungen eines Unternehmens dieser Größenklasse nicht genügte. Es handelte sich um eine V o l l k o s t e n r e c h n u n g , die lediglich der Feststellung des Betriebsergebnisses diente. Im Jahre 1971 entschloß man sich zu einer Umstellung auf eine D e c k u n g s b e i t r a g s r e c h n u n g , um über ein Planungs- und Kontrollinstrument zur besseren Steuerung der Fillialen zu verfügen.

In den einzelnen Betriebstypen verwendet die ASKO AG zum Teil unterschiedliche Verfahren der Kosten- und Ergebnisrechnung. Im folgenden wird schwerpunktmäßig die W i r t s c h a f t l i c h k e i t s r e c h n u n g d e r F i l i a l e n dargestellt. Zum Vergleich werden im Anschluß daran kurz die B e s o n d e r h e i t e n d e r B a s a r - A b r e c h n u n g herausgestellt.

C. Die Darstellung der Filialwirtschaftlichkeitsrechnung

I. Die Elemente der Filialwirtschaftlichkeitsrechnung

Unter Berücksichtigung der besonderen Verhältnisse des Unternehmens wurde für die Lebensmittelfilialen die Filialwirtschaftlichkeitsrechnung (FWR) entwickelt. Die drei Hauptkomponenten dieses Modells sind die Budgetierung, die Erfolgsrechnung und die verschiedenen Formen des Soll-Ist-Vergleichs.

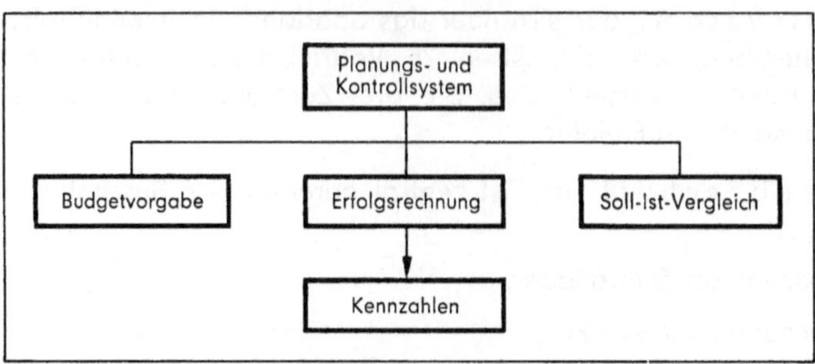

Abb. 4: Schematische Darstellung der Filialwirtschaftlichkeitsrechnung (FWR)
der ASKO AG

II. Die Budgetierung

Die Erstellung eines Jahresbudgets gilt als die notwendige Voraussetzung für die
Kontrollrechnung. Die Budgetierung ist gleichzeitig ein wichtiges Führungsinstru-
ment. Im Budget werden für jede Filiale die Umsätze, die Roherträge und die
Kosten nach Monaten für ein Jahr geplant. Als Grundlage werden die Ist-Werte
der Vorperiode herangezogen.

Die Aufstellung des Umsatzbudgets obliegt den Bezirksleitern in Zusam-
menarbeit mit den Filialleitern. Die budgetierten Umsätze werden anteilsmäßig
auf folgende Warengruppen verteilt:

— Fleisch und Wurstwaren,

— Obst und Gemüse,

— Backwaren,

— Non-Food,

— Molkerei-Produkte,

— übrige Warengruppen.

Die warengruppenspezifischen Soll-Roherträge bzw. Handelsspannen
werden vom Zentraleinkauf geplant und den Filialleitern vorgegeben.

Die Ansätze der Kostenbudgetierung beruhen auf den Ist-Kosten des
Vorjahres. Folgende den Filialen zurechenbare Kosten werden von den Bezirks-
und Filialleitern gemeinsam geplant:

— Personalkosten,

— Instandhaltungskosten,

— Energie,

— Verpackungsmaterial,

— übriges Material,

— Direktwerbung,

- Telefon, Porto,
- Frei-Haus-Lieferungen,
- Finanzierung Warenbestand,
- öffentliche Abgaben,
- Zinsen, Abschreibungen,
- Miete.

Bei Abschreibungen, Zinsen und Miete wreden kalkulatorische Kosten angesetzt, soweit das kostenrechnerisch erforderlich ist. So werden Zinsen auf das Eigenkapital und Mieten für eigene Geschäftsräume berücksichtigt, um die Vergleichbarkeit der Filialen sicherzustellen. Kalkulatorische Abschreibungen werden angesetzt, wenn die Werte der Finanzbuchhaltung nicht den betriebswirtschaftlichen Werten entsprechen.

III. Die Kalkulation

Der Einzelhandelsrohertrag, der erzielt werden soll, wird den Filialen – wie bereits erwähnt – von der Zentrale vorgegeben, und zwar in Prozenten vom Umsatz. Der jeweilige Filialleiter hat somit auf die Warengruppenkalkulation keinen Einfluß.

Die einzelnen Warengruppen werden unterschiedlich kalkuliert.

Warengruppe	Angaben in % vom Umsatz[1])		
	Kalkulation Soll-Rohertrag	Ist-Rohertrag	Differenz
Fleisch- und Wurstwaren	17,7	16,1	1,6
Obst und Gemüse	29,4	26,2	3,2
Backwaren	27,8	25,6	2,2
Non-Food	26,7	25,7	1,0
Molkereiprodukte	16,5	16,1	0,4
übrige Warengruppen	22,3	21,0	1,3
insgesamt	22,0	20,9	1,1
[1]) Die Werte sind fiktiv.			

Tab. 2: Beispiel einer warengruppenspezifischen Rohertragskalkulation

Die in diesem Beispiel rechnerisch ermittelte Differenz von 1,1 % zwischen Kalkulation und Rohertrag ist auf Erlösveränderungen, vor allem auf Sonderangebote und Warenverderb, zurückzuführen. Zur Feststellung des tatsächlich erzielten Rohertrags ist eine Inventur erforderlich.

Die Kalkulationssätze orientieren sich vornehmlich an den Marktverhältnissen, weniger an den Kosten. Im Rahmen einer M i s c h k a l k u l a t i o n werden branchenübliche Spannen angesetzt. Dabei werden Waren, die zum jeweiligen Zeitpunkt besonders im Blickpunkt des Verbrauchers stehen, z. B. Schweinekotelett

oder Butter, sehr niedrig kalkuliert. Sonderangebote decken oft nur den Einstandspreis + Mehrwertsteuer (MWSt). Der Bruttonutzen (absolute Bruttoerträge je Periode) der niedrig kalkulierten Waren kann trotz niedriger Bruttoerträge je Stück
bei einem hohen Lagerumschlag sehr hoch sein.

IV. Die Kontrolle

Eine zentrale Aufgabe jeder Kostenrechnung ist die Wirtschaftlichkeitskontrolle. In
der Filialwirtschaftlichkeitsrechnung sind verschiedene Kontrollrechnungen eingebaut, die unterschiedliche Zielsetzungen haben.

1. Die Rohertragsstatistik

Als Differenz aus Warenverkaufswert + MWSt und Wareneinsatz-Einstandswert
+ MWSt vom Umsatz ergibt sich der Rohertrag netto, und zwar als
Soll-Rohertrag. Der Vorteil dieser Rechnung liegt darin, daß sie einfach,
d. h. ohne Inventuren, durchzuführen ist und kurzfristig erstellt werden kann. Sie
wirkt auch als Frühwarnsystem.

Der Zentraleinkauf arbeitet bei seinen Dispositionen z. B. mit einer täglichen
Rohertragsstatistik auf der Grundlage des Warenausgangs.

Für die Beurteilung der Geschäftsentwicklung liefert eine monatliche Rohertragsstatistik gute Anhaltspunkte. Sobald sich ein negativer Trend abzeichnet,
der nicht mit saisonalen Schwankungen zu erklären ist, können Gegenmaßnahmen
eingeleitet werden, z. B. eine Sortimentsveränderung oder -bereinigung, eine Überprüfung der Lieferantenkonditionen, eine Überprüfung der Kalkulation oder die
Einleitung von Sonderaktionen.

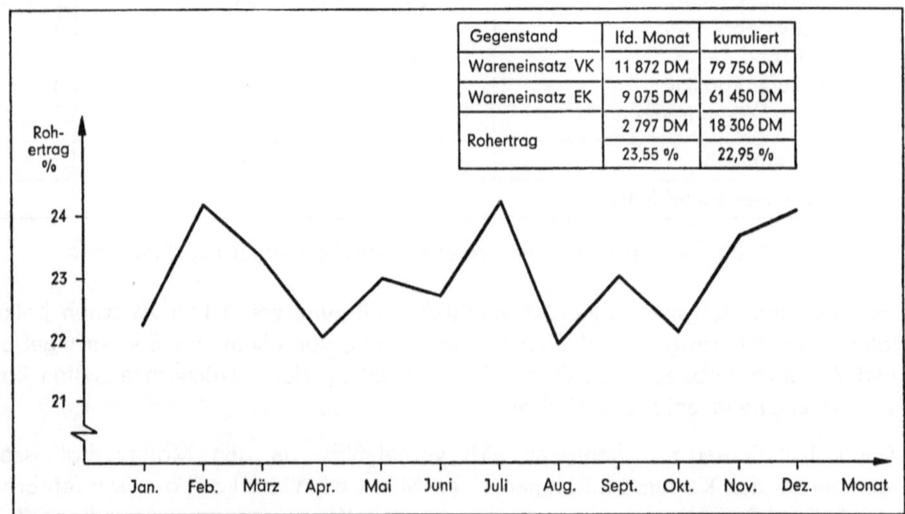

Gegenstand	lfd. Monat	kumuliert
Wareneinsatz VK	11 872 DM	79 756 DM
Wareneinsatz EK	9 075 DM	61 450 DM
Rohertrag	2 797 DM	18 306 DM
	23,55 %	22,95 %

Abb. 5: Die Rohertragsstatistik einer Filiale der ASKO AG

Abbildung 5 zeigt die Rohertragsstatistik einer Filiale, in der die monatlichen und die kumulierten Netto-Roherträge absolut in DM und in Prozenten vom Umsatz ausgewiesen werden.

Die Abweichung der auf diese Weise errechneten Roherträge gegenüber den Buchhaltungs-Soll-Roherträgen liegt in der Regel unter 0,1 %. So ist es auch ohne Inventuren möglich, einen rechnerischen Soll-Rohertrag zu ermitteln, der Auskunft über die Ertragslage gibt. Zur Ermittlung des Ist-Rohertrages sind Inventuren erforderlich. Hilfsweise kann man Erfahrungswerte über Soll-Ist-Differenzen aus der Vergangenheit heranziehen.

2. Der Soll-Ist-Vergleich des Warenbestandes

Für die laufende Kontrolle der Bestände ist eine Inventur erforderlich. In den Filialen werden neben der Jahresabschlußinventur etwa fünf weitere Inventuren durchgeführt. Für den Soll-Ist-Vergleich werden Bestände, Zugänge und Abgänge auf Verkaufspreise umgerechnet.

Der Soll-Ist-Vergleich kann an folgendem Beispiel demonstriert werden:

	Anfangsbestand 1. 1. 1975	334 550 DM
+	Einkauf Jan. bis Mai	371 320 DM
−	Verkauf Jan. bis Mai	360 390 DM
=	Soll-Endbestand 31. 5. 1975	345 480 DM
−	Inventurendbestand	342 810 DM
=	Abweichung	2 670 DM
	Abweichung vom Soll	0,77 %

Diese Abweichung wird auch als Inventursaldo bezeichnet. Sie ist in erster Linie auf Diebstahl, Schwund und Inventurfehler zurückzuführen. Die Feststellung des Inventursaldos ist vor allem im Hinblick auf die Aussagekraft der dargestellten Soll-Rohertragsstatistik wichtig. Für die Zentrale ist die Inventurdifferenz ein Instrument zur Beurteilung der Filialen.

3. Die Kostenkontrolle

Auch bei den Kosten findet ein monatlicher Soll-Ist-Vergleich statt. Viele Kostenarten, so Fremdmieten oder Energie, sind von den Filialleitern nur in geringem Maße beeinflußbar. Andere Kosten, vor allem die Personalkosten, sollen aufgrund der Planung durch den Filialleiter laufend kontrolliert werden. Da der Anteil der Personalkosten an den gesamten Handlungskosten über 60 % beträgt, wird das Personalbudget, in dem die Personalkosten für das ganze Jahr vorausgeschätzt und festgelegt werden, durch eine wöchentliche Personalplanung und -kontrolle ergänzt.

Sämtliche Filialen sind in 16 Leistungsgruppen eingeteilt. Für jede Gruppe errechnet die Zentrale die Leistungsvorgabe, ausgedrückt in Wochenumsatz pro Arbeitsstunde. Multipliziert man diesen Wert mit der monatlichen Soll-Arbeitszeit pro

Arbeitskraft von 172 Stunden, so erhält man den S o l l - U m s a t z je Arbeitskraft und Monat.

Die Planung beruht auf Arbeitsablaufstudien, Kassendatenerfassung, Umsatzanteilen der Warengruppen und Erfahrungswerten.

Die I s t - L e i s t u n g ergibt sich aus dem Wochenumsatz, dividiert durch die effektiven Arbeitsstunden. Die Filialleiter streben an, den Soll-Umsatz mit möglichst wenig Arbeitsstunden zu erreichen, weil dadurch die Ist-Leistung und damit der Deckungsbeitrag verbessert werden. Daher ergibt sich häufig eine negative Abweichung der Ist-Stunden von den Planstunden.

Die Filialen melden ihre Leistungszahlen wöchentlich der Zentrale. Die Abweichungen, insbesondere unter Plan liegende Personalleistungen, werden analysiert und gegebenenfalls Maßnahmen für die Folgewoche getroffen. Das wichtigste Steuerungsinstrument für den Personaleinsatz ist die S t u n d e n l e i s t u n g , definiert als Umsatz je Stunde. So wird die Kassenbesetzung mit Hilfe spezifischer Kassenstundenleistungen gesteuert. Bei sinkendem Umsatz wird die frei werdende Mitarbeiterin für andere Aufgaben eingesetzt.

Die Personalsteuerung obliegt grundsätzlich dem Filialleiter. Er kennt die täglichen und stündlichen Schwankungen des Arbeitsvolumens seiner Filiale üblicherweise am besten. Zur Bewältigung der anfallenden Arbeit kann er aufgrund des Personalbesetzungsplans seiner Filiale Vollarbeitskräfte, Teilzeitkräfte, Stundenaushilfen oder Auszubildende einsetzen. Nur bei auffallend ungünstigen Abweichungen gegenüber der Stundenvorgabe greift die Zentrale ein.

4. Die Betriebsabrechnung

Die Betriebsabrechnung oder kurzfristige Erfolgsrechnung der Filialen wird m o - n a t l i c h erstellt. In dem Abrechnungsschema sind die Kosten nach ihrer Zurechenbarkeit differenziert. Zunächst werden vom Rohertrag die direkten Filialkosten subtrahiert. Das Ergebnis ist der D e c k u n g s b e i t r a g I. Davon werden die der Filiale indirekt zurechenbaren Kosten, wie kalkulatorische Zinsen und Abschreibungen auf das gebundene Kapital und kalkulatorische Mieten, abgezogen. Dieser Kostenblock beträgt etwa 4 % vom Umsatz. Außerdem wird ein kleiner Teil der Gemeinkosten – etwa 0,7 % vom Umsatz – mittels Flächen- oder Umsatzschlüsseln auf die Filialen verteilt.

Flächenbezogene Gemeinkosten sind

— Versicherungen,

— Fremdinstandhaltung,

— Werkstättenumlage.

Umsatzbezogene Gemeinkosten sind

— Betriebssteuern,

— Vertriebsmaterial,

— sonstiges Material.

Man erhält dann den D e c k u n g s b e i t r a g II, aus dem die Zentralkosten, d. h. Einkauf, zentrale Absatzdienste und Lager, sowie der Gewinn gedeckt werden.

Es besteht somit das folgende Abrechnungsschema:

Umsatz einschl. MWSt
— Wareneinsatz einschl. MWSt
= Rohertrag netto
— Direktkosten I
= Deckungsbeitrag I
— Direktkosten II
= Deckungsbeitrag II

Die beiden Deckungsbeiträge haben als Steuerungsgrößen eine unterschiedliche Bedeutung. Da der D e c k u n g s b e i t r a g I von den direkten Filialkosten abhängt, ist er geeignet, das K o s t e n b e w u ß t s e i n der Filialleitung zu stärken. Der D e c k u n g s b e i t r a g II zur Feststellung des Beitrags zu den Zentralkosten spricht dagegen in erster Linie das E r t r a g s b e w u ß t s e i n an.

In der Erfolgsrechnung werden neben den Monatswerten auch die k u m u l i e r t e n W e r t e ausgewiesen, und zwar in absoluten Beträgen und in Prozenten vom Umsatz.

Zur E r f o l g s b e u r t e i l u n g wird ein doppelter Vergleich durchgeführt:

1. ein Z e i t v e r g l e i c h als Ist-Vergleich der Vorperiode mit der laufenden Periode,

2. ein P l a n - I s t - V e r g l e i c h der Werte der laufenden Periode.

Diese Zweispurigkeit der Erfolgsrechnung beruht auf unterschiedlichen informativen Zielen.

Mit dem Z e i t v e r g l e i c h erhalten Filiale und Zentrale einen genauen Einblick in die effektiven Veränderungen zwischen zwei Perioden. Effektive Wirtschaftlichkeitsveränderungen werden transparent und können hinsichtlich ihrer Gründe beurteilt werden. Über filialgruppenspezifische durchschnittliche Abweichungswerte hinaus kann man zusätzlich die Methode des Betriebsvergleichs für das Erkennen von Stärken und Schwächen einzelner Filialen einsetzen. Die Bezirksleiter können versuchen, übertragbare Produktivitäts- und Wirtschaftlichkeitseffekte auch für andere Filialen zu erschließen.

Der P l a n - I s t - V e r g l e i c h kennzeichnet dagegen die Budgetierungsfähigkeit und die Möglichkeit der Durchsetzung der einmal festgelegten Budgets durch den Filialleiter. Im Rahmen dieser Abweichungsanalyse wird man primär überprüfen, warum die Planwerte von den effektiven Werten abweichen und welche Maßnahmen aufgrund der Abweichungen zu ergreifen sind: eine Anpassung der

ERFOLGSRECHNUNG

Zeile Nr		Abrechnung		Abschnitt laufendes Jahr – gegen			Abrechnung		Abschnitt lfd. Jahr – gegen Vorjahr –		beeinflußbare Anteile im Abschnitt
		Abschnitt	Abr zeitraum	Vorjahr		Planwerte	Abschnitt	Abr zeitraum	BESSER	SCHLECHTER	
		(DM)	(DM)	(DM)	Index (Vorjahr 100)	(DM)	(% Ums)	(% Ums)	(%-Punkte)	(%-Punkte)	(%)
36	**Umsatz**	5012190	515040 GR	332411	107 GR	95728	100%	100%			100
37	Wareneinsatz	3903220	409870				77,87	79,58		0,12	
38		0							+/,-0	+/,-0	
39	Einzelhandelsrabatt	0							+/,-0	+/,-0	
41	**Rohertrag netto**	1108970	105170 GR	67889	107		22,13	20,42		0,12	100
43	Personalkosten	299689	23988 GR	16024	106		5,98	4,66	0,08		100
44	Instandhaltung	14847	833 KL	3106	83		0,30	0,16	0,09		56
45	Energie	37379	3337 KL	2729	93		0,75	0,65	0,11		100
46	Verpackungsmaterial	9013	1047 KL	1626	85		0,18	0,20	0,05		100
47	übriges Material	4749	488 KL	341	93		0,09	0,09	0,01		100
48	Direktwerbung	5824	662 GR	1621	139		0,12	0,13		0,03	100
49	Telefon, Porti, sonst. Postkosten	1118	106 KL	30	97		0,02	0,02	+/,-0	+/,-0	100
50	frei-Haus-Lieferungen	0		+/-0					+/,-0	+/,-0	
51	Finanzierung Warenbestand	3411	59 GR	86	103		0,07	0,01	+/,-0	+/,-0	100
52	öff. Abg./Beiträge/Gebühren	8154	710 GR	2002	133		0,16	0,14		0,03	
53	Inventursaldo (EKP)	PO 39933	PO	B 11417	140		0,80		0,19		100
54	übrige Kosten	1521	59 KL	16	99		0,03	0,01	+/,-0	+/,-0	45
56	**Direktkosten A**	345772	31289 GR	468	100		6,90	6,08	0,48		96
58	AfA/Zinsen/GwSt. auf bewegl. Inventar	46080	3840	+/-0	100		0,92	0,75	0,07		
60	AfA/Zinsen/GwSt. auf Einbauten u. verl. BKZ.	128880	10740	+/-0	100		2,57	2,09	0,18		
61	AfA/Zinsen/GwSt./lfd. Kosten auf eig. Gr.Bes.	0		+/-0					+/,-0	+/,-0	
62	Fremdmiete + Amort./Zinsen/GwSt. v. MVZ	115406	9678 GR	7994	107		2,30	1,88		0,01	
64	**Direktkosten gesamt**	636138	55547 GR	8462	101		12,69	10,78	0,72		52
66	Deckungsbeitrag A 1	778728	75196				15,54	14,60			100
67	Deckungsbeitrag A 2	763198	73881 B	67421	110		15,23	14,34	0,36		
68	**Deckungsbeitrag für Zentralkosten**	472832	49623 B	59427	114		9,43	9,63	0,60		

Abb. 6: Die Filial-Erfolgsrechnung der ASKO AG

effektiven Werte an die Pläne, eine Korrektur der Planwerte folgender Perioden oder eine Kombination dieser beiden Alternativen.

Diese detaillierte Rechnung, die spätestens zum 25. des Folgemonats vorliegt, gibt einen sicheren Einblick in die Kosten- und Ertragsentwicklung der Filialen. Sie ist das zentrale Instrument innerhalb der Filialwirtschaftlichkeitsrechnung zur Beurteilung und Steuerung der Filialen.

5. Die Umsatz- und Ertragsanalyse

Parallel zur Erfolgsrechnung werden die Umsätze und Roherträge im einzelnen analysiert (vgl. Abbildung 7). Dazu gehört die periodenweise Kontrolle nicht nur der Roherträge nach Warengruppen, sondern auch der wichtigsten Erlösschmälerungen. Umsätze und Spannen werden, wie bereits bei der Erfolgsanalyse erläutert, mit Hilfe eines Zeitvergleiches und eines Plan-Ist-Vergleiches analysiert. Als Planwerte werden die Vorjahresumsätze, die Vorjahresspannen und die Gruppendurchschnittswerte der Vergleichsfilialen verwendet. Die Abweichungen werden durch die Tendenzkategorien besser/schlechter (B/S) erfaßt und als gesamtumsatz- und gesamtspannenbedingte Abweichungen ausgewiesen. Die Gesamtabweichung wird aufgespalten in:

— Abweichungen, bedingt durch Preisänderungen,

— Abweichungen, bedingt durch Warenverderb,

— sonstige erlöswirksame Abweichungen, z. B. Inventursaldo.

Außerdem werden in der Umsatz- und Ertragsanalyse die Umsatzanteile nach den verschiedenen Beschaffungswegen ausgewiesen: Zentrallager, Non-Food-Lager, Obst- und Gemüseabteilung und Direktlieferungen.

Nicht zuletzt wird bei bestimmten Positionen eine besondere Form von Planwerten herangezogen, d. s. Normwerte. Solche Normwerte, die ein besonderes Gewicht für die Beurteilung der Filiale haben, sind Warenverderbsanteile in Prozenten vom Umsatz.

6. Der Filialvergleich

Als ein wichtiges Kontrollinstrument gilt der vierteljährlich durchgeführte betriebsinterne Filialvergleich. Getrennt nach den Betriebstypen, d. s. sb-depot, Nettomarkt und Supermarkt, werden die Vergleichsbetriebe in Größenklassen eingeteilt. Als Maßstab wird die Verkaufsfläche gewählt.

Als Leistungskennzahlen werden die Umsatzanteile der Warengruppen, die Raumleistung, d. h. der Umsatz je Quadratmeter, der Verkaufsstellen und Warengruppen, die Kundenzahl und der Einkaufsbetrag je Kunde ausgewiesen. Außerdem werden die Roherträge, Warenbestände, Warenumschlag, Personalleistung, Personalkosten und Sachkosten in den Vergleich einbezogen.

FWR‑UMSATZ‑ und ERTRAGSANALYSE   Tagesdatum:

`6 | 6 | 4 | 0 | N | 1 | 401`   Blatt. 6   FILIAL‑NR.

ASKO

ABSCHNITT MONAT 01 BIS	ABRECHNUNGSZEITRAUM MONAT
UMSATZ 10195 · BRUTTO‑SPANNE □ · NETTOSPANNE □ · ABSOLUTER ERTRAG □	UMSATZ 10550 · BRUTTO‑SPANNE □ · NETTOSPANNE □ · ABSOLUTER ERTRAG □

PLAN/IST‑VERGLEICH IN INDICES (Planwerte gleich 100)

ABSCHNITT MONAT 01 BIS (rows 12–56)

Zeile	PLAN/IST‑VERGLEICH	Fleisch‑ u. Wurstwaren	Obst‑ und Gemüse	Backwaren	Non Food‑Artikel	Molkerei‑produkte	übrige Warengruppen	Gesamt	Tendenz B/S
13	Index Umsatz (Vorjahr = 100)	11347	10423	9484	8289	10277	11051	10710	B
15	Veränderung Bruttospanne (in % Punkte)	096	039	011	064	−004	−047	−002	S
16	Veränderung Nettospanne (in % Punkte)	098	061	011	056	025	−082	−009	S
18	Zunahme absoluter Netto‑Ertrag (in vollen DM)	40403	10023			4850	28231	69450	B
19	Abnahme absoluter Netto‑Ertrag (in vollen DM)			3228	10832				
22	UMSATZANTEILE (in % zu VKP)	2758	1140	452	442	1319	3888	10000	
24	NETTOSPANNEN (in % zu VKP)	1735	2879	2836	2696	1817	2375	2216	
26	Umsatzanteil mehr (in % vom Gr. ø)	975			2077	1065			
27	Umsatzanteil weniger (in % vom Gr. ø)		1087	1120			636		
29	Nettospanne mehr (% Punkte geg. Gr. ø)	059				046	129	037	B
30	Nettospanne weniger (% Punkte geg. Gr. ø)		035		051				
36	Aktionspreisänderung aktiv	000	000	000	000	000	000	000	
37	Aktionspreisänderung passiv	000	000	000	000	000	000	000	
39	Aktionspreisänderung gesamt	000	000	000	000	000	000	000	
41	Preisänderungen zentrale Sonderangebote	000	004	003	000	375	529	256	
42		000	000	000	000	000	000	000	
43	Großabgabe – Rabatte	000	000	000	000	000	000	000	
44	Verderb Pflanzen/Blumen	000	054	000	000	000	000	006	
45	Warenverderb	002	210	000	018	000	013	030	
47	Erlösveränderungen gesamt	002	268	003	018	375	542	292	
52	BESSER in % vom Umsatz	013	040		032	020		011	B
53	BESSER absolut (in vollen DM)	1800	2287		699	1323		5498	B
55	SCHLECHTER in % vom Umsatz						003		
56	SCHLECHTER absolut (in vollen DM)						610		

(Row‑group titles in label column: VERÄNDERUNGEN GEGEN VORJAHR; ERLÖSVERÄNDERUNGEN (VKP‑Werte in % vom Umsatz); WARENVERDERB GEGEN NORM.)

ABRECHNUNGSZEITRAUM MONAT (rows 12–56)

Zeile	Position	Tendenz B/S	Gesamt	Fleisch‑ u. Wurstwaren	Obst und Gemüse	Backwaren	Non Food‑Artikel	Molkerei‑produkte	übrige Warengruppen
13	Index Umsatz (Vorjahr = 100)	B	11335	11067	11572	8250	11838	10944	11805
15	Veränderung Bruttospanne (in % Punkte)	S	−089	086	−293	030	057	061	−188
16	Veränderung Nettospanne (in % Punkte)	S	−153	076	−376	−030	061	005	−307
18	Zunahme absoluter Netto‑Ertrag (in vollen DM)	B	5435	2933	142		933	1009	1451
19	Abnahme absoluter Netto‑Ertrag (in vollen DM)					1032			
22	UMSATZANTEILE (in % zu VKP)		10000	2378	774	354	415	1103	4976
24	NETTOSPANNEN (in % zu VKP)		2042	1771	2653	2801	2483	2008	1988
26	Umsatzanteil mehr (in % vom Gr. ø)			439			8694	596	
27	Umsatzanteil weniger (in % vom Gr. ø)				538	1470			477
29	Nettospanne mehr (% Punkte geg. Gr. ø)	B	060	039				096	126
30	Nettospanne weniger (% Punkte geg. Gr. ø)				052	023	425		
36	Aktionspreisänderung aktiv		000	000	000	000	000	000	000
37	Aktionspreisänderung passiv		000	000	000	000	000	000	000
39	Aktionspreisänderung gesamt		000	000	000	000	000	000	000
41	Preisänderungen zentrale Sonderangebote		310	000	058	000	000	141	582
42			000	000	000	000	000	000	000
43	Großabgabe – Rabatte		000	000	000	000	000	000	000
44	Verderb Pflanzen/Blumen		007	000	095	000	000	000	000
45	Warenverderb		028	013	240	000	000	000	013
47	Erlösveränderungen gesamt		345	013	393	000	000	141	595
52	BESSER in % vom Umsatz	B	004	002	010			050	020
53	BESSER absolut (in vollen DM)	B	209	78	41			107	114
55	SCHLECHTER in % vom Umsatz								003
56	SCHLECHTER absolut (in vollen DM)								80

Bezugs- und Bruttofakturierspannen — ABSCHNITT MONAT 01 BIS (rows 58–69)

Zeile	Position	Zentral‑lager	Non Food‑lager	Obst‑ und Gemüseabt.	Direkt‑lieferungen	KATALOG	Pflanzen/Blumen LU	Gesamt	Tendenz
61	BEZUGSANTEILE (in % zu VKP)	3743	160	1062	4957	□	079	10000	
63	BRUTTOFAKTURIERSPANNEN (%)	2685	2680	3636	2102	□	3441	2439	
65	Bezugsanteil MEHR (in % vom Gr. ø)		2698		563	□			
66	Bezugsanteil WENIGER (in % vom Gr. ø)	476		518			4015		
68	Bruttospanne MEHR (% Punkte geg. Gr. ø)				007	□			
69	Bruttospanne WENIGER (% Punkte geg. Gr. ø)	043	127	048			116	043	S

Bezugs- und Bruttofakturierspannen — ABRECHNUNGSZEITRAUM MONAT (rows 58–69)

Zeile	Position	Tendenz	Gesamt	Zentral‑lager	Non Food‑lager	Obst‑ und Gemüseabt.	Direkt‑lieferungen	KATALOG	Pflanzen/Blumen LU
61	BEZUGSANTEILE (in % zu VKP)		10000	4590	165	753	4434	□	058
63	BRUTTOFAKTURIERSPANNEN (%)		2321	2439	2648	2905	2075	□	3235
65	Bezugsanteil MEHR (in % vom Gr. ø)			268	2132			□	
66	Bezugsanteil WENIGER (in % vom Gr. ø)					669	727		3958
68	Bruttospanne MEHR (% Punkte geg. Gr. ø)						005	□	
69	Bruttospanne WENIGER (% Punkte geg. Gr. ø)	S	050	075	527	111			006

Abb. 7: Die Filial‑Umsatz‑ und Ertragsanalyse der ASKO AG

7. Die Schwachstellenanalyse

Auf der Grundlage des Filialvergleichs wird die FWR-Analyse oder Schwachstellenanalyse durchgeführt. In dieser Kontrollrechnung werden die U m s ä t z e , die R o h e r t r ä g e und die K o s t e n analysiert. Alle Werte werden nach den Kategorien „unzureichend", „mittel", „gut" klassifiziert, wobei die Kategorie „mittel" wie folgt definiert ist: mittel $= \pm$ 5 % vom Gruppendurchschnitt der Vergleichsfilialen.

Wenn der Filialleiter vom Bezirksleiter die beiden Analysebogen erhält, kann er sofort erkennen, wo die Schwachstellen seiner Filiale liegen. Bei hohen ungünstigen Abweichungen fügt die Zentrale einen Analysebericht bei, der in der Regel konkrete Handlungsanweisungen enthält.

Neben den Kennzahlen Umsatz je Quadratmeter und Rohertrag je Quadratmeter, die Auskunft über die Auslastung der Filialen geben, kommt vor allem den K e n n z a h l e n z u r P e r s o n a l l e i s t u n g große Bedeutung zu. Folgende Personalkennzahlen werden in die FWR-Analyse einbezogen:

1. Anzahl der Kostenkräfte (Kostenkraft $=$ 172 Std./Monat)

2. Prozentuale Ausfallquote der Kostenkräfte

$$= \frac{\text{Ist-Arbeitsstunden}}{\text{Soll-Arbeitsstunden}} \times 100$$

3. Personalleistung

$$= \frac{\text{Umsatz}}{\text{Anzahl der Kostenkräfte}}$$

4. Personalleistungsvergleich (Index Vj.)

$$= \frac{\text{Personalleistung lfd. Jahr}}{\text{Personalleistung Vorjahr}} \times 100$$

5. Personaldirektkosten je Kostenkraft in DM

6. Personaldirektkostenvergleich

$$= \frac{\text{Personalkosten lfd. Jahr}}{\text{Personalkosten Vorjahr}} \times 100$$

7. Personaldirektkostenanteil (in % vom Abteilungsumsatz)

$$= \frac{\text{kum. Personaldirektkosten lfd. Jahr}}{\text{kum. Abteilungsumsatz lfd. Jahr}} \times 100$$

8. Personaldirektkostenvergleich (kumulierter Zeitvergleich)

$$= \frac{\text{kum. Personaldirektkosten lfd. Jahr}}{\text{kum. Personaldirektkosten Vorjahr}} \times 100$$

8. Die Kennzahlen

In allen Teilrechnungen der Filialwirtschaftlichkeitsrechnung wird mit Kennzahlen gearbeitet, deren wichtigste in einer Übersicht auf dem Betriebsabrechnungsblatt zusammengefaßt werden (vgl. Abbildung 8).

LEISTUNGSKENNZIFFERN

Monat	Umsatz je Laden (TDM)	Umsatz je Kasse (TDM)	Umsatz je qm (DM)	Ertrag je qm (DM)	Bestand je qm (DM)	Waren umschlag	Kunden je Verkaufstag	Einkauf je Kunde (DM)	Personaleinsatz Kostenkräfte	VK	TK	L	A	Personalleistung je Kost.kraft (DM)	je Leist.kraft (DM)	Ausfall (%)	Personalkosten je Kost.kraft (DM)	effektiv (% Ums.)	Analyse (% Ums.)
Januar	388.7	65			3862	2.21	1619	9.25	15.2	53	15	16	16	25636	28140	8.9	1532	5.98	5.82
Februar	358.0	60			4441	1.77	1547	9.64	13.4	60	17	11	12	26704	28980	7.9	1824	6.83	6.82
März	405.2	68			5071	1.76	1561	9.61	12.2	66	19	12	3	33217	36447	8.9	2155	6.49	5.56
April	437.1	73			4772	2.02	1782	10.22	14.9	54	15	10	21	29302	30407	3.6	1588	5.42	5.61
Mai	403.2	67			4352	2.04	1661	10.12	13.9	58	17	11	15	29057	30220	3.8	1736	5.97	5.67
Juni	412.4	69			4781	1.90	1727	9.95	16.0	50	14	9	26	25745	27344	5.8	1429	5.55	6.43
Juli	464.7	77			4002	2.55	1818	9.47	14.7	48	20	10	22	31573	36829	14.3	1748	5.54	5.49
August	403.1	67			3872	2.29	1658	9.35	15.2	48	20	10	23	26442	30774	14.1	1690	6.39	7.14
September	391.7	65			4911	1.75	1569	9.60	15.0	47	20	10	24	26038	30581	14.9	1765	6.78	6.82
Oktober	425.2	71			4142	2.26	1588	10.30	15.1	46	20	10	24	27820	30743	8.3	1792	6.35	6.61
November	407.8	68			4511	1.99	1619	10.50	15.3	46	20	13	22	26665	27603	3.4	1701	6.38	6.71
Dezember	515.0	86			4052	2.79	1662	11.92	15.5	45	19	16	20	33158	33922	2.3	1544	4.66	5.05
Abschnitt (Mon-Ø)	417.7	70	918	203	4402	2.09	1651	9.99	14.7	51	18	12	19	28399	30864	8.0	1698	5.98	6.11
Indices BESSER	107.1	107		106	106	101		106	95					112	111	88		99	
(Monat 10%) SCHLECHTER							100										111		

Abb. 8: Die FWR-Kennzahlen der ASKO AG

Obwohl es in der Filialwirtschaftlichkeitsrechnung keine explizite Hierarchie der Kennzahlen gibt, wird der D e c k u n g s b e i t r a g II als die w i c h t i g s t e G r ö ß e für die Steuerung der Filialen angesehen. Der Deckungsbeitrag II wird in die Kennzahlen als Deckungsbeitrag in Prozenten vom Umsatz, Deckungsbeitrag je DM Personalkosten oder je Quadratmeter übernommen.

Im konkreten Fall greift die Zentrale dann ein, wenn eine Filiale über einen längeren Zeitraum ungenügende Deckungsbeiträge ausweist, z. B. durch eine veränderte Konkurrenzsituation. Man versucht in einer ersten Maßnahmenstufe, die Ertragslage durch Sonderaktionen oder durch Sortiments- bzw. Betriebstypenvariationen wieder zu verbessern. Bleiben alle Anstrengungen erfolglos, wird die Filiale geschlossen.

Nun ist der einzelne Deckungsbeitrag an sich wenig aussagekräftig. Zu einer zuverlässigen Information über die Entwicklung einer Filiale wird er erst durch den V e r g l e i c h m i t N o r m w e r t e n. Dem Unternehmen stehen für diesen Zweck monatlich, quartal- oder tertialbezogen und kumuliert mehrere Vergleichsmöglichkeiten zur Verfügung:

— der Vergleich mit Bestbetrieben einer Gruppe,

— der Vergleich mit dem Gruppendurchschnitt (Filialvergleich),

— der Vergleich mit den Vorjahreswerten der Filiale,

— der Vergleich mit den Planwerten.

Von diesen Vergleichsmöglichkeiten wird der Vergleich mit geplanten Werten bisher noch nicht genutzt.

V. Exkurs: Die Abrechnung der Basare

Es wurde bereits darauf hingewiesen, daß die ASKO AG in den verschiedenen Betriebstypen abweichende Rechnungssysteme anwendet. Es erscheint deshalb an dieser Stelle angebracht, zum Vergleich mit der Filialwirtschaftlichkeitsrechnung kurz auf die Besonderheiten der Basar-Abrechnung einzugehen. Diese U n t e r s c h i e d e sind begründet durch

— die R e c h t s f o r m : die Basare sind selbständige juristische Personen in der Rechtsform einer GmbH,

— die G r ö ß e : der durchschnittliche Jahresumsatz eines Basars beträgt 25 Mill. DM,

— das S o r t i m e n t : die Basare führen etwa 35 000 Artikel mit hohem Non-Food-Anteil und nutzen andere Bestell-, Transport-, Lager- und Manipulationssysteme als die Filialen.

Die Basare genießen eine große Selbständigkeit. Das gilt vor allem für die Warenbeschaffung. Auch bei Sonderaktionen, die von der Zentrale disponiert werden, erfolgt die Anlieferung dezentral über Strecke. Für die Personalpolitik und für die Preispolitik im Food-Bereich sind ebenfalls die Leiter der Basare zuständig. Die

Zentrale gibt dagegen die Kalkulationsspanne im Non-Food-Bereich vor, und sie koordiniert die Werbung.

Daraus lassen sich für das R e c h n u n g s w e s e n der Basare folgende Konsequenzen ableiten:

1. Die Selbständigkeit der Basare erfordert nicht nur eine e i g e n e B u c h h a l t u n g , sondern auch eine Kostenrechnung, die einen detaillierteren Ausweis der erfolgswirksamen Größen als in den Filialen ermöglicht. Vor allem die Erlöse werden nach Hauptwarengruppen, Abteilungen und Lieferanten differenziert erfaßt.

2. Die Umsatzgrößenordnung der Basare ermöglicht den rentablen E i n s a t z v o n G r o ß r e c h e n s y s t e m e n . Die Basare sind über Terminals an die zentrale EDV-Anlage der ASKO AG angeschlossen. Durch die Datenfernverarbeitung verfügt der einzelne Basar viel schneller und in größerem Umfang über Informationen als die Filialen.

3. Mit Hilfe der EDV wird den Basaren eine t ä g l i c h e R o h e r t r a g s e r m i t t l u n g – gemessen an der Wareneingangsspanne – ermöglicht. Jeweils am zweiten Tag des Folgemonats liegt die kumulierte Spanne des vergangenen Monats vor. Sobald das Ergebnis der monatlichen Gewinn- und Verlustrechnung aus der Buchhaltung zur Verfügung steht, ist eine erste Kontrolle des ermittelten Rohertrags möglich. Die Rohertragsstatistik kann wie bei der Filialabrechnung als Frühwarnsystem verstanden werden. Sie ist aufgrund des hohen Non-Food-Anteils der Basare jedoch erheblich problematischer. Die Annahme Wareneingang = Warenausgang trifft in diesem Bereich nicht zu. Wenn z. B. im Februar Campingartikel eingekauft werden, so ist der nach der Faustformel ermittelte Rohertrag für Februar mit Sicherheit verzerrt. Durch die kumulierte monatliche Ergebnisrechnung werden die Roherträge zwar relativiert, da im Zeitablauf ein gewisser Ausgleich stattfindet. Die exakten Spannen können aber nur mittels einer Inventur festgestellt werden. Um zwischen den Inventuren, die in den Abteilungen mehrfach jährlich durchgeführt werden, große Verzerrungen zu vermeiden, werden in der monatlichen Gewinn- und Verlustrechnung aufgrund vergangener Erfahrungen mit Hilfe von Rückstellungen g e s c h ä t z t e I n v e n t u r d i f f e r e n z e n berücksichtigt. Als weitere Sicherung wird von der Zentrale für den Non-Food-Bereich der Basare eine L i m i t r e c h n u n g durchgeführt. Auf der Grundlage der von den Basaren gelieferten Daten setzt die Zentrale ein monatliches Limit für den Einkauf fest, und zwar getrennt nach Hauptwarengruppen.

4. Im Unterschied zur Filialwirtschaftlichkeitsrechnung, die den Deckungsbeitrag der Kostenstelle „Filiale" aufweist, ist die k u r z f r i s t i g e E r g e b n i s r e c h n u n g der Basare eine V o l l k o s t e n r e c h n u n g . Die bei der Zentrale anfallenden Kosten werden den Basaren in Form einer pauschalen Konzernumlage auf der Basis der Umsätze belastet. Es wird nicht für einzelne

Warengruppen, sondern nur für den Basar folgende Staffelrechnung vorgenommen:

Umsatz
— errechnete Kalkulation

= Warenrohertrag 1
+ Boni und Zuschüsse

= Warenrohertrag 2
— Betriebsaufwand (einschl. Konzernumlage)

= Betriebsergebnis

Eine Verfeinerung des Systems dürfte durch genauere Abteilungskostenrechnungen sowie durch die Ermittlung von Deckungsbeiträgen der Hauptwarengruppen erreicht werden.

D. Die Probleme bei der Einführung der Filialwirtschaftlichkeitsrechnung

Die Einführung der Filialwirtschaftlichkeitsrechnung bei der ASKO AG brachte einige Probleme mit sich:

1. Für das Rechnungswesen mußte eine Abstimmung zwischen Finanzbuchhaltung und Kostenrechnung geschaffen werden. Dieses Problem wurde mit Hilfe entsprechender Abstimmkreise gelöst.

2. Schwierigkeiten bereitete anfangs die Datenerfassung und -verarbeitung. Einerseits wollte man detaillierte und genaue Zahlen haben, andererseits sollte das System für den Filialleiter gut überschaubar bleiben. Dieses vor allem EDV-organisatorische Problem einer Bündelung von Daten aus verschiedenen Quellen für die Zwecke der Filialwirtschaftlichkeitsrechnung kann inzwischen ebenfalls als gelöst angesehen werden.

3. Sehr zögernd erfolgte bei der Einführung des Systems die Umstellung der Filialleiter auf das Denken in Deckungsbeiträgen. Diese Art der Erfolgsrechnung war den Filialleitern weitgehend unbekannt. Zur Unterstützung des Systems wurde deshalb neben entsprechenden Lehrgängen ein Anreizsystem entwickelt. Bezirksleiter und Filialleiter erhalten eine Erfolgsbeteiligung auf der Grundlage des Deckungsbeitrages I. Um zu verhindern, daß die Filialleiter sich zu einseitig auf möglichst hohe Deckungsbeiträge konzentrieren und das Umsatzstreben vernachlässigen, wurde in das Anreizsystem auch eine Umsatzprämie eingebaut. Von der Zentrale werden Mindestdeckungsbeiträge und Mindestumsätze vorgegeben. Bei Soll-Überschreitung erhalten die Bezirks- und Filialleiter eine monatliche Abschlagszahlung. Zum Jahresende erfolgt die genaue Errechnung der Prämien.

E. Zur Beurteilung der Filialwirtschaftlichkeitsrechnung

Vom Standpunkt der Theorie läßt sich die Filialwirtschaftlichkeitsrechnung in einigen Punkten kritisieren:

1. Die **Ermittlung des Rohertrages** in der Erfolgsrechnung ist **ungenau**, denn es wird unterstellt, daß Wareneingang = Warenausgang ist, d. h., es werden keine Lagerbestandsveränderungen erfaßt. Bei Lebensmitteln wird das Ergebnis dadurch jedoch kaum verzerrt, da sich das Lager bis zu zweimal im Monat umschlägt und der durchschnittliche Lagerbestand etwa konstant ist. Bei einem hohen Anteil an Non-Food-Artikeln, die sich nicht schnell umschlagen, läßt sich der Rohertrag auf diese Weise aber nicht mehr korrekt ermitteln.

2. Die **Planung und Budgetierung** der Umsätze, Roherträge und Kosten ist bei den Positionen **angreifbar**, bei denen sich die Planung ausschließlich auf die Vorjahreswerte stützt. Eine echte Produktivitäts- und Wirtschaftlichkeitskontrolle entwickelt sich jedoch in dem sehr wichtigen Bereich der Personalkosten.

   Zur weiteren **Verbesserung** kann die Entwicklung von Soll-Vorgaben auf der Grundlage der Ergebnisse von Bestfilialen oder von Arbeitszeit- und Aktivitätenstudien angeregt werden.

   In vergleichbaren Filialunternehmen findet zum Teil eine Planung statt, an der die Filialleiter, die Bezirksleiter, der Vertriebsleiter und die Geschäftsführung beteiligt sind. In einem mehrtägigen Seminar werden für jede Filiale die Monatsumsätze und Roherträge, gegliedert nach Warengruppen, und die Kosten für das folgende Wirtschaftsjahr geplant und budgetiert. Allerdings hängt auch hier die Leistungsfähigkeit des Verfahrens von der Qualität der Planansätze ab.

3. Auf den **Filialvergleich** trifft die jedem zwischenbetrieblichen Vergleich entgegenzuhaltende Kritik zu.

   Die erste Schwierigkeit liegt in der **Vergleichbarkeit der Betriebe**. Zwar werden nur Filialen mit gleichen Sortimenten und entsprechend gleicher Preisstellung verglichen, die Gruppeneinteilung nur nach der Verkaufsfläche könnte jedoch ergänzt werden. Vor allem könnten externe Daten, wie Standort oder Konkurrenzlage, und qualitative Merkmale, wie etwa die Qualifikation der Filialleitung und des Personals, u. U. mit Hilfe von Punktbewertungsverfahren, berücksichtigt werden.

   Weiter werden auch bei Filialvergleich **nur Ist-Werte** verglichen, d. h., als Vergleichsmaßstab wird der Gruppendurchschnitt und nicht eine geplante Größe herangezogen.

4. Nicht unproblematisch ist überdies die **Verwendung von Kennzahlen**. Zwar liefern Kennzahlen klare und eindeutige Informationen, in ihrer

Einfachheit liegt aber auch ihre Gefahr. Die Kennzahlen, die in der Filialwirtschaftlichkeitsrechnung errechnet werden, stehen o h n e   h i e r a r c h i s c h e G l i e d e r u n g nebeneinander. Nimmt man etwa den Warenumschlag, so sagt ein Wert von beispielsweise 1,8 nichts darüber aus, ob dieser Wert gut ist oder nicht. Erst wenn bekannt wäre, wie sich ein höherer bzw. niedrigerer Warenumschlag auf andere betriebswirtschaftliche Größen auswirkt, könnte eine solche Kennzahl als Steuerungsinstrument eingesetzt werden. Mit anderen Worten: in der Filialwirtschaftlichkeitsrechnung könnte der Kennzahlenverbund berücksichtigt werden. Hierfür müßten in Bezirksleiter- und Filialleiterseminaren die Grundlagen geschaffen werden.

5. Soll die D e c k u n g s b e i t r a g s r e c h n u n g eine echte Steuerungsfunktion übernehmen, dann sind die in die Zukunft gerichteten Entscheidungen gleichsam präjudiziert[3]). Diese Steuerungsfunktion kann der Deckungsbeitrag für viele unternehmenspolitische Entscheidungen nicht übernehmen. In vielen Fällen ist die r e i n e   E r f o l g s b e t r a c h t u n g   z u   e i n s e i t i g. Folgende Kritikpunkte lassen sich nennen:

— Wachstums- und Liquiditätsziele werden vernachlässigt.

— Ausstrahlungseffekte bei bestimmten Marketingmaßnahmen, der Einführung neuer Betriebstypen oder Produkte, so Spill-over-Effekte, werden nicht erfaßt.

— Dasselbe gilt für die Wirkung bestimmter Marketingaktivitäten im Zeitablauf, so Carry-over-Effekte oder time lags.

— Der Deckungsbeitrag macht keine Aussage darüber, inwieweit vorhandene Marktchancen genutzt und Absatzpotentiale ausgeschöpft wurden.

— Außerdem besteht die Gefahr, daß im Hinblick auf einen günstigen Deckungsbeitrag Maßnahmen unterlassen werden, die im Augenblick der Durchführung nur Kosten verursachen, auf längere Sicht aber die Unternehmensentwicklung positiv beeinflussen, z. B. Ausbildung und Weiterbildung des Personals.

Zukünftige Erfolgs- und Kostenrechnungssysteme sollten daher M a r k t g r ö ß e n einbeziehen, die eine b e s s e r e   B e g r ü n d u n g   v o n   A b w e i c h u n g e n bei den erfaßten innerbetrieblichen Größen und eine w e i t e r e   D i f f e r e n - z i e r u n g   v o n   M a r k t s t r a t e g i e e l e m e n t e n ermöglichen.

Trotz der dargelegten Kritik, die von der Theorie her begründet ist, sollte man jedoch darauf hinweisen, daß es der Wirtschaftswissenschaft bisher nicht gelungen ist, speziell für die Erfordernisse des Handels ein Erfolgs- und Kostenrechnungsmodell zu entwerfen, das jeder Kritik standhält und außerdem noch praktikabel ist. Die oben dargestellte Filialwirtschaftlichkeitsrechnung der ASKO AG enthält durchaus ein robustes theoretisches Grundgerüst und erfüllt – wie die Entwicklung des Unternehmens bestätigt – die gestellten Anforderungen. So hält man bei der

---

3) Vgl. dazu Dichtl, Erwin: Grenzen der Deckungsbeitragsrechnung, in: Bäcker, Franz; Dichtl, Erwin (Hrsg.): Schriftenreihe zum Marketing, Bd. 1: Erfolgskontrolle im Marketing, Berlin 1975, S. 73 ff.

ASKO AG im Augenblick Änderungen des Konzepts nicht für erforderlich. Es wird befürchtet, daß mehr potentielle Aussagekraft zu Lasten der Übersichtlichkeit und Griffigkeit ginge.

Man ist somit keineswegs sicher, daß mögliche Verfeinerungen einen höheren Informationswert für die Beteiligten bzw. Betroffenen mit sich bringen würden.

Dazu kommt, daß die Mitarbeiter mit dem Abrechnungssystem gut umzugehen gelernt haben, seine Stärken und Schwächen kennen und sich in der Anwendung darauf einrichten. Die mitgeteilten Ergebnisse unterliegen somit einer Transformation aufgrund zusätzlicher Beurteilungskriterien, die den Wert für die Entscheidungsfindung erhöhen, ein Phänomen, mit dem sich die Theorie bisher kaum auseinandersetzt. Es gibt eine Art unternehmensspezifischer Interpretation vorhandener Rechenwerke, die sich bei einer unmodifizierten Übertragung auf andere Unternehmen nicht auch dort quasi automatisch einstellt.

Die unternehmensspezifische verhaltensorientierte Konzeption des Rechnungswesens hat im Handel eine hervorragende Bedeutung. Theoretische Schwächen von Rechenwerken werden durch spezifische Formen der Wahrnehmung und der Einstellung und damit auch der Auswertung der Ergebnisse überwunden.

Nicht zuletzt muß man sich bei Veränderungen im Rechnungswesen eines Unternehmens stets die Frage stellen, ob die theoretische Verfeinerung des Systems durch zusätzliche Informationen den erhöhten Aufwand rechtfertigt.

Fragen und Antworten

Erläuternde Fragen zum Themenkreis
„Die Grundprobleme der Kosten- und Leistungsrechnung im Handel"
von Prof. Dr. Bruno Tietz

Frage: Warum gibt es für Handelsbetriebe – im Gegensatz zu Produktionsbetrieben – kein theoretisch abgesichertes Kostenrechnungsmodell? Nennen Sie stichwortartig die wichtigsten Gründe!

Antwort:

Im Handel wird der größte Teil des Leistungsprozesses vom Markt her gesteuert. Die Kosten und die Ergebnisse sind von Marktphänomenen abhängig, die vom einzelnen Unternehmen nicht oder kaum zu beeinflussen sind. Die Einbeziehung derartiger Marktfaktoren erschwert die Durchführung der Kosten- und Ergebnisrechnung in Marketing und Handel. Aus der Marktorientierung resultieren im Grunde auch die folgenden handelsspezifischen Probleme, die einer theoretisch abgesicherten und dennoch praktikablen Kostenrechnung im Wege stehen:

1. die mangelnde Steuerbarkeit der Leistungserstellung durch vom Markt ausgelöste Schwankungen,

2. die allgemeine Marktdynamik,

3. die Verbundwirkungen, z. B. Sortimentsverbund, Instrumentalverbund, Zielgruppenverbund,

4. die speziellen kostenrechnerischen Probleme, wie z. B. die Definition des Kostenträgers, die mehrdimensionale Kostenverursachung, die Trennung in fixe und variable Kosten, die Unsicherheit bezüglich des erzielbaren Verkaufspreises.

(S. 7–13)

Fragen und Antworten zur Erläuterung der veröffentlichten Aufsätze

---

Frage: **Welcher Zusammenhang besteht zwischen der Unternehmenspolitik und der Kosten- und Leistungsrechnung eines Unternehmens?**

Antwort:

Die Unternehmenspolitik setzt sich aus verschiedenen Teilpolitiken zusammen. Auf der Ebene der Handelsprogrammpolitik werden die Grundstrukturpolitik, die Marktpolitik, die Faktorkombinationspolitik und die Finanzierungspolitik unterschieden. Die Managementpolitik befaßt sich mit der Planung, Organisation, Führung und Kontrolle des Unternehmens. Bei der Technologiepolitik schließlich stehen Fragen der konkreten Realisation von Entscheidungen im Vordergrund. Die Kosten- und Leistungsrechnung als Informationssystem überlagert alle diese Teilpolitiken. Es wird von ihr erwartet, daß sie den Instrumentaleinsatz in allen Teilbereichen der Unternehmenspolitik zu steuern und zu beurteilen gestattet. Dabei ist zu beachten, daß die Kosten- und Leistungsrechnung auf die Anforderungen der Unternehmenspolitik auszurichten ist.
(S. 21)

Frage: **Der Aufbau und die Steuerung eines Kostenrechnungssystems erfordert unternehmenspolitische Entscheidungen. Wie läßt sich die Kostenrechnungspolitik in das System der Unternehmenspolitik einordnen?**

Antwort:

Die Kostenrechnung ist ein Teil des betrieblichen Informationssystems und verursacht somit Kosten. Die Verbindung zur Faktorkombinationspolitik, die primär das Ziel der Kostenminimierung verfolgt, ergibt sich aus der Frage, wie ein erstrebtes Informationsniveau mit minimalen Kosten erreicht werden kann. Entsprechend läßt sich aus der Frage, wie bei gegebenen Kapazitäten und festgelegtem Budget ein Maximum an Information zur Erreichung der Marktziele zu gewährleisten ist, die Verbindung zur Marktpolitik herstellen.
(S. 22)

Frage: **Welche externen und internen Daten muß die Kostenrechnungspolitik im Handel berücksichtigen?**

Antwort:

Externe Daten sind vor allem gesetzliche Bestimmungen, so das Handels- und Steuerrecht, und Marktdaten, so die Marktstrukturen und die Informationen über Lieferanten, Kunden und Konkurrenten. Die internen Daten ergeben sich aus der unternehmenspolitischen Konzeption, auf die die Kostenrechnung auszurichten ist.

Als Daten müssen außerdem berücksichtigt werden:

– die Restriktionen der Informationsgewinnung,

– der unzureichende Entwicklungsstand theoretischer Kostenrechnungskonzeptionen für den Handel.

(S. 22 f.)

Frage: **Entwickeln Sie ein Zielsystem der Kostenrechnung!**

Antwort:

Die Kostenrechnung verfolgt das Ziel, zweckgerichtete Informationen zu liefern. Daraus lassen sich untergeordnete formale und materielle Ziele ableiten, die in einer Zweck-Mittel-Relation zum Oberziel stehen.

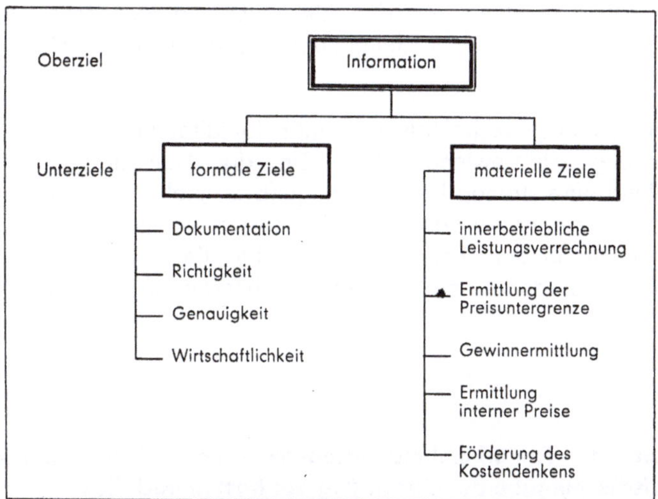

Abb. 1: Ein Zielsystem der Kostenrechnung

Die Information kann zwar das Oberziel für die Kostenrechnung darstellen, im Hinblick auf die unternehmenspolitischen Ziele ist aber auch sie ein abgeleitetes Ziel.

(S. 23–25)

Frage: **Welche Aufgaben soll die Kosten- und Leistungsrechnung im Hinblick auf die Grundstrukturpolitik, die Marktpolitik, die Faktorkombinationspolitik und die Finanzierungspolitik erfüllen?**

Fragen und Antworten zur Erläuterung der veröffentlichten Aufsätze

Antwort:

Die generelle Aufgabe der Kosten- und Leistungsrechnung ist die Bereitstellung zweckgerichteter Informationen.

Die Grundstrukturpolitik benötigt Informationen für langfristige Entscheidungen, so für die Beurteilung von Investitionen oder Desinvestitionen oder für die Festlegung des langfristigen Preis-, Kosten- und Serviceniveaus.

Im Rahmen der Marktpolitik sind vor allem Informationen über die Wirkungen des Einsatzes einzelner Marketinginstrumente von Interesse. Das ist wegen der verschiedenen Verbundwirkungen und der allgemeinen Marktdynamik sehr schwierig. Der Kosten- und Leistungsrechnung kommen in diesem Bereich deshalb überwiegend Kontrollfunktionen zu.

Für faktorkombinationspolitische Entscheidungen werden von der Kostenrechnung Informationen über den optimalen Faktoreinsatz erwartet. Da in diesem Bereich die Kostenorientierung dominiert, sind hier auch die klassischen Aufgaben der Kostenartenbildung, der Kostenstellenbildung und der innerbetrieblichen Leistungsverrechnung zuzuordnen.

Die Finanzierungspolitik schließlich ist primär liquiditätsorientiert, die Kosten- und Leistungsrechnung ist gewinnorientiert. Da die Liquiditätssicherung bei der Gewinnerzielung eine strenge Nebenbedingung darstellt, benötigt die Kostenrechnung eher Informationen von der Finanzierungspolitik als umgekehrt. Die Kostenrechnung kann nur in dem Fall Hilfestellung für die Finanzierungspolitik leisten, wenn die Zahlungsströme mit den entsprechenden Erlös- und Kostenströmen synchron verlaufen.

(S. 25–34)

Frage: **Aus der Faktorkombinationspolitik ergibt sich u. a. die kostenrechnerische Aufgabe der Gliederung der Kosten nach Kostenarten. Wie lassen sich fixe und variable Kosten bzw. Einzel- und Gemeinkosten im Handel trennen?**

Antwort:

Das Kriterium für die Trennung von Einzel- und Gemeinkosten ist die Bezugsgröße. Im Handel wird in der Regel nicht das einzelne Stück gewählt, sondern Warengruppen, Abteilungen oder Filialen. Bei diesen aggregierten Bezugsgrößen ist eine eindeutige Trennung von Einzel- und Gemeinkosten nicht möglich. Das gleiche Problem besteht für die Aufspaltung in fixe und variable Kosten. In diesem Fall gibt es als weiteres Abgrenzungskriterium den Abrechnungszeitraum. So sind auf lange Sicht alle Kosten variabel.

Fragen und Antworten zur Erläuterung der veröffentlichten Aufsätze

Aufgrund dieser Abgrenzungsprobleme sind die klassischen Differenzierungen im Handel von geringer Bedeutung. Viel wichtiger ist die Unterscheidung in beeinflußbare und nicht beeinflußbare Kosten.
(S. 32)

Frage: **Welche Bezugsgrößen bieten sich im Handel zur Verteilung der Gemeinkosten an?**

Antwort:

Einem Artikel werden von einer Kostenstelle nur die Gemeinkosten angelastet, die der Beanspruchung der Kostenstelle durch den Artikel entsprechen. Dazu sind Bezugsgrößen erforderlich, die den Gemeinkosten möglichst proportional sein sollen. Beispiele für solche Bezugsgrößen sind u. a.:

— die Einzelkosten des Artikels,

— die Umschlagshäufigkeit des Artikels,

— die Raumbeanspruchung des Artikels,

— die beanspruchte Verkaufszeit des Artikels,

— der Umsatzanteil des Artikels.
(S. 32)

Frage: **Auf welche Weise kann die Kosten- und Leistungsrechnung die Managementpolitik im Handel unterstützen?**

Antwort:

Die Planung und die Kontrolle beziehen sich in erster Linie auf die betrieblichen Wertgrößen, z. B. Umsatz, Kosten, Bruttoertrag, Gewinn. Diese Größen lassen sich aus dem Zahlenwerk der Kostenrechnung gewinnen, die somit die Grundlage sowohl für die Planung als auch für die verschiedenen Formen des Soll-Ist-Vergleichs darstellt.

Unter dem Aspekt der Führung sind z. B. zu nennen:

— die Förderung des Kostendenkens im Betrieb,

— die Lieferung der Grundlagen für eine gewinnabhängige Entlohnung.

Für die Organisation schließlich kann die Kostenrechnung z. B. dann von Interesse sein, wenn sie das erforderliche Zahlenmaterial für die Steuerung dezentralisierter Teilbereiche des Unternehmens liefert.
(S. 34 f.)

Fragen und Antworten zur Erläuterung der veröffentlichten Aufsätze

Frage: In welcher Beziehung sollten die Unternehmensorganisation und die Kosten- und Leistungsrechnung zueinander stehen?

Antwort:

Nach der klassischen funktionalen Unternehmensgliederung bildet das Rechnungswesen einschließlich der Kosten- und Leistungsrechnung einen eigenständigen Bereich. Andererseits gehen vom Rechnungswesen wichtige Steuerungsimpulse aus, die alle Unternehmensbereiche beeinflussen. Das Rechnungswesen, insbesondere die Kostenrechnung, ist somit ein Instrument, um ein bestimmtes Organisationskonzept durchzusetzen. Den Verantwortungsbereichen können Verrechnungszentren zugeordnet werden, auf die die Kosten- und Leistungsrechnung auszurichten ist. Bei einer Organisation auf der Grundlage der Handelsprogrammpolitik ergeben sich folgende Parallelüberlegungen:

Marktpolitik →	Erlöszentren, **Gewinnzentren**
Faktorkombinationspolitik →	**Kostenzentren**
Grundstrukturpolitik →	**Investitionszentren**
Finanzpolitik →	**Renditezentren**

Die Zentren bilden die Planungsgrundlage; bei Filialunternehmen können z. B. die einzelnen Filialen als Erlös- und Kostenzentren gewählt werden. Die Zentrale koordiniert die Planansätze der dezentralen Planungsträger und gibt die endgültigen Planungswerte an die Zentren zurück.

(S. 37)

Frage: Welches Ziel verfolgt eine überbetriebliche Ergebnis- und Kostenrechnung?

Antwort:

Bei der überbetrieblichen Rechnung werden sämtliche Handelsstufen vom Hersteller bis zum Endverbraucher einbezogen. Man erhält auf diese Weise einen Überblick über die Spannen der einzelnen Stufen und damit wichtige Hinweise darauf, wo Rationalisierungsmaßnahmen einsetzen können. Derartige Analysen können zur Einbeziehung oder Ausschließung bestimmter Institutionen oder zur Umverteilung von physischen Aktivitäten innerhalb des Absatzweges führen.

(S. 38 f.)

Frage: Was versteht man unter dem Konzept der Kundenanalyse im Zusammenhang mit der Leistungsverrechnung in Verbundgruppen?

Fragen und Antworten zur Erläuterung der veröffentlichten Aufsätze

Antwort:

Bei der Kundenanalyse handelt es sich um ein neues Konzept der Leistungsverrechnung bei der Kooperation zwischen Hersteller, Großhandel und Einzelhandel. In der undifferenzierten Form werden für einzelne Kundengruppen Deckungsbeiträge errechnet. In der differenzierten Form wird das Handelsprogramm aufgespalten, z. B. in Waren-, Dienstleistungs- und Finanzgeschäft. Man kann auf diese Weise feststellen, in welchen Programmbereichen welche Kundengruppe Deckungsbeiträge für die Verbundgruppe liefert.

Dieses Konzept bietet zwei Vorteile:

1. Es liefert eine zuverlässige Grundlage für eine Kundenselektion.
2. Die Verbundgruppe kann auf diese Weise neue Mitglieder gewinnen, die nur an bestimmten Teilprogrammen interessiert sind.

(S. 39 f.)

Frage: **Welche Differenzierungskriterien für Kosten und Erlöse, die im Sinne von Instrumenten zieladäquat eingesetzt werden, stehen der Kostenrechnung zur Verfügung?**

Antwort:

Gliedert man Kosten und Erlöse nach zeitlichen und sachlichen Kriterien, so erhält man kleinste Instrumentaleinheiten, aus deren Kombination sich die verschiedenen Kostenrechnungssysteme ergeben.

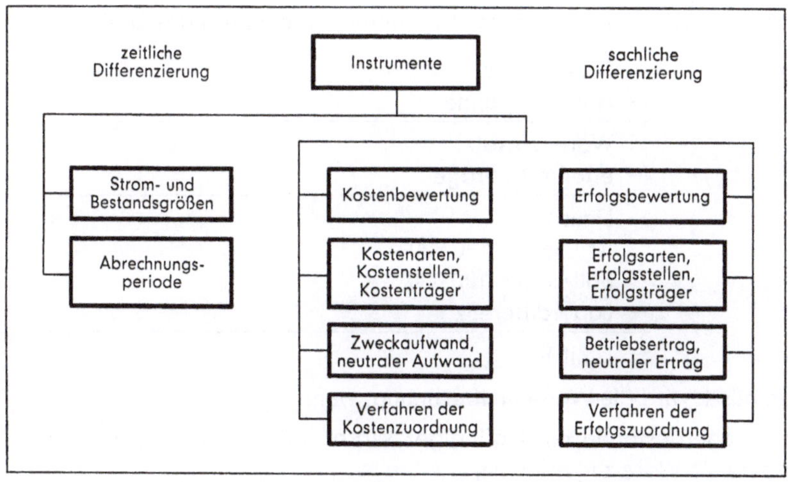

Abb. 2: Die Instrumente der Kostenrechnung

(S. 43 f.)

Fragen und Antworten zur Erläuterung der veröffentlichten Aufsätze

Frage: **Welche Bedeutung hat der Dispositionsstrom für das Rechnungswesen im Handel?**

Antwort:

Die klassische Finanzbuchhaltung erfaßt nur Güter- und Zahlungsströme. Der Dispositionsstrom besteht aus den Bestellungen bei Lieferanten und den Aufträgen von Kunden, die den Güterströmen vorausgehen. Vor allem in Branchen mit Bestellungen bei Lieferanten nach Eingang der Kundenaufträge, so im Möbelhandel, hat die genaue Erfassung des Dispositionsstromes eine große Bedeutung als Steuerungsinstrument. Überdies bilden die Bestellungen bei Lieferanten generell eine wichtige Grundlage für die Limitrechnung.
(S. 49 f.)

Frage: **Was versteht man unter einer Limitrechnung? Erläutern Sie den Begriff an einem Beispiel!**

Antwort:

Die Limitrechnung im Handel ist eine kurzfristige Planungsrechnung zum Zwecke der Lagerbestands- und Sortimentssteuerung mit den Zielen der Kostensenkung und der Liquiditätssicherung. Im Sinne eines Steuerungsinstrumentes obliegt ihr die Koordination zwischen Faktoreinsatzplänen und Finanzplanung.

Voraussetzung für eine Warenlimitrechnung ist die Planung der monatlichen Umsätze, der Handelsspanne und des Lagerbestands. Als Limit ergibt sich der noch disponierbare Beschaffungswert, d. h., die bereits erteilten Aufträge, die in der Planungsperiode zu Wareneingang führen, vermindern das Limit.

Beispiel:	Soll-Umsatz	500 000
	— Handelsspanne	200 000
	= Wareneinsatz	300 000
	— erteilte Aufträge	40 000
	= Limit I	260 000
	Ist-Lager 120 000	
	Soll-Lager 100 000	
	— Lagerdifferenz	20 000
	= Limit II	240 000

Problematisch wird die Warenlimitrechnung, wenn

1. hohe Lagerbestände nicht gängiger Ware vorhanden sind, wodurch das Limit für aktuelle Ware zu gering ist,

2. der Lagerbestand zugunsten des Limits zu niedrig festgelegt wird und dadurch die Fehlverkäufe zunehmen. Das gilt vor allem bei langen Lieferzeiten.

Fragen und Antworten zur Erläuterung der veröffentlichten Aufsätze

Als Lösungsmöglichkeit ist eine doppelte Limitrechnung, die Kosten-Limitrechnung und die Umsatz-Limitrechnung, anzuregen, die kurante Bestände und Bestellungen von unkuranten trennt. Dabei bezieht sich der Begriff kurante Ware auf den jeweiligen Planungsmonat. Saisonware, die nicht mehr kurant ist, kann zu einem späteren Zeitpunkt wieder als kurante Ware in die Kosten-Limitrechnung aufgenommen werden. Dieses Vorgehen vermittelt vor allem auch einen Überblick über die kuranten Bestände.

(S. 50)

Frage: **Rechnet man in der Kostenrechnung mit den bilanziellen oder mit den kalkulatorischen Kostenarten?**

Antwort:

Die bilanziellen Ansätze folgen bestimmten gesetzlichen Vorschriften, diese geben die betriebswirtschaftlich relevanten Kosten zum Teil verzerrt oder unvollständig wieder. Für die Kostenrechnung des Unternehmens sind daher die kalkulatorischen Ansätze heranzuziehen.

(S. 56 f.)

Frage: **Ein Unternehmen beschafft einen Pkw für den Außendienst. Kaufpreis 10 000 DM ohne MWSt, Nutzungsdauer 5 Jahre. Der Preisindex für Pkw steht zum Kaufzeitpunkt bei 104, in den folgenden Jahren steigt er auf 107, 111, 113, 118. Welche Beträge sind nach 5 Jahren bei linearer Abschreibung in der Kostenrechnung bzw. in der Finanzbuchhaltung abgeschrieben?**

Antwort:

Im Gegensatz zur Finanzbuchhaltung (Anschaffungswertprinzip) können in der Kostenrechnung die jeweiligen wertmäßigen Kosten herangezogen werden. Deshalb wird die Abschreibungsbasis jährlich dem Zeitwert angeglichen.

Nach fünf Jahren sind in der Finanzbuchhaltung 10 000 DM abgeschrieben, in der Kostenrechnung 10 630 DM. Der Wiederbeschaffungspreis ist aber inzwischen auf 11 340 DM gestiegen. Die Differenz von 710 DM kann in der Kostenrechnung in Form einer Substanzerhaltungsrücklage berücksichtigt werden. (Vgl. Tabelle auf der nächsten Seite.)

(S. 58)

Fragen und Antworten zur Erläuterung der veröffentlichten Aufsätze

Jahr	Index	Zeitwert-faktor	Zeitwert	Ab-schreibungs-beträge
1. Jahr	104	1	10 000	2 000
2. Jahr	107	1,028	10 280	2 056
3. Jahr	111	1,067	10 670	2 134
4. Jahr	113	1,086	10 860	2 172
5. Jahr	118	1,134	11 340	2 268
Summe der Abschreibungsbeträge				10 630

Frage: **Welche Aufgaben sollen interne Lenkungspreise erfüllen? Welche Probleme treten dabei auf?**

Antwort:

In der weitesten Auslegung kann die „pretiale Lenkung" als eine dezentrale Führungskonzeption verstanden werden. Sie geht davon aus, daß eine innerbetriebliche Leistungsverrechnung über Preise in Analogie zum marktwirtschaftlichen System zu einer optimalen Allokation der Ressourcen führt.

Eines der ersten Beispiele aus dem Warenhausbereich war die pretiale Lenkung von Schaufensterfläche, um die sich die Abteilungsleiter bewarben. Die Schaufenster wurden nach dem Höchstgebot vergeben, d. h., die Abteilungsleiter, die bereit waren, den höchsten Betrag für ein Schaufenster in ihrer Abteilungsrechnung als Belastung auf sich zu nehmen, kamen zum Zuge. Heute ist dieses System auch auf die Abteilungsflächen, jedoch oft modifiziert, auf der Basis von Standardmietbelastungen je Quadratmeter Verkaufsfläche und auf das Abteilungspersonal ausgedehnt. Verfeinerungen beruhen auf partiellen Pretiallenkungen, d. h. auf einer Disposition über die Faktornutzung, teilweise durch zentrale Entscheidungen, teilweise durch dezentrale Entscheidungen. So mögen ein Drittel der Schaufensterfläche aufgrund eines Konzeptes für das gesamte Haus und zwei Drittel aufgrund der Entscheidungen der Abteilungsleiter bewirtschaftet werden.

Dabei lassen sich zwei grundsätzliche Probleme herausstellen:

1. Zwischen den einzelnen Unternehmensbereichen bestehen zum Teil enge technologisch bedingte Zusammenhänge, so daß die Zuweisung von Ressourcen, z. B. der Einsatz bestimmter Faktorarten, nicht allein dem freien Spiel der Preise überlassen werden kann. Auch eine unrentable Abteilung kann für den Betriebserfolg unerläßlich sein.

2. Die Bestimmung der Verrechnungspreise ist schwierig. Ein innerbetrieblicher Marktmechanismus funktioniert nur bedingt, andererseits verliert bei der Vorgabe fester Lenkungspreise das Konzept seine eigenständige koordinierende

Fragen und Antworten zur Erläuterung der veröffentlichten Aufsätze

Wirkung. Zum Teil werden iterative Verfahren der Preisermittlung angewandt. Als Beispiel sei das Dekompositionsprinzip erwähnt[1]).

In einer engeren Auslegung dienen Lenkungspreise der Erfassung intern erstellter Leistungen in der Kostenrechnung. Auf diese Weise wird versucht, die Leistung von Serviceabteilungen, z. B. von EDV-Abteilungen, zu beurteilen. Die Preise können z. B. mittels einer Zuschlagskalkulation mit angemessenem Gewinnaufschlag berechnet werden. Nach anderen, weniger operationalen Vorschlägen sollen als Verrechnungspreise der Grenznutzen oder die Grenzkosten der erstellten Leistungen verwendet werden.

(S. 60 f.)

Frage: **Nach welchen Merkmalen lassen sich im Handel Kostenstellen bilden?**

Antwort:

Im Handel bestehen zahlreiche Möglichkeiten, Kostenstellen zu bilden. Als Beispiele für Gliederungskriterien seien genannt:

1. die räumliche Gliederung, z. B. Filialen, Abteilungen, Divisionen,
2. die funktionale Gliederung, z. B. Beschaffung, Lagerung, Verkauf, Verwaltung, Reparatur usw.,
3. die Gliederung nach Warengruppen,
4. die Gliederung nach Kundengruppen,
5. die Gliederung nach der Lieferform, also Streckengeschäft oder Lagergeschäft,
6. die Gliederung nach dem Vertriebsweg, z. B. Direktvertrieb, Ladenverkauf, Versand usw.

(S. 54 und 63)

Frage: **Welche handelsspezifischen Abgrenzungsschwierigkeiten können bei der Kostenstellengliederung auftreten?**

---

1) „Der Ablauf des Dekompositionsverfahrens, soweit er für den Prozeß einer quasi-dezentralen Findung von Transferpreisvektoren relevant ist, kann etwa in folgender Weise dargestellt werden:
1. Die Sparten errechnen ein für sie optimales Programm auf der Basis der von der Zentrale vorgegebenen Stückgewinne mit Hilfe der Simplex-Methode.
2. Die Zentrale berechnet die Kostenvor- bzw. -nachteile, die jeder Einzelplan für die anderen Sparten mit sich bringt.
3. Die Zentrale übermittelt den Sparten einen neuen Stückgewinn, vermindert bzw. vermehrt um den Betrag, der gleich der positiven bzw. negativen Wirkung der Aktivität einer Sparte auf den Gewinn der übrigen Sparten ist.
4. Aufgrund der revidierten Stückgewinne errechnen die Sparten – als handelten sie autonom – ein neues Programm.
5. Dieser Prozeß wiederholt sich so lange (mit revidierten Stückgewinnen auf jeder Stufe), bis ein optimaler Preisvektor gefunden ist.
Aufgrund der Anwendung des Dekompositionsverfahrens wird den Sparten von der Zentrale die im Optimum zu produzierende Menge vorgeschrieben. Das Verfahren führt also nicht dazu, daß die Teilbereiche schließlich von selber die optimale Lösung finden. Diese wird vielmehr von der Zentrale ermittelt und den Teilbereichen vorgeschrieben" (H. Hax).
(Grochla, Erwin: Divisionalisierung als organisatorisches Konzept für die Unternehmung, Dortmund 1973, S. 18.)

Fragen und Antworten zur Erläuterung der veröffentlichten Aufsätze

Antwort:

Bei der Kostenstellenbildung hat im Handel eine Gliederung nach Abteilungen weite Verbreitung. Im Einzelhandel werden jedoch häufig gleiche Waren in unterschiedlichen Abteilungen präsentiert und verkauft. Zusätzlich erschweren Sonderangebote die Abgrenzung und die Kostenanalyse.

Zu überprüfen sind Kostenrechnungsmodelle, bei denen eine doppelte Kostenstellenrechnung nach Abteilungen erfolgt. Dabei werden die Normalsortimente von den jeweiligen Sonderangeboten der Abteilung getrennt abgerechnet. Man wird in Zukunft sogar Sonderangebote von Super-Sonderangeboten differenzieren, die ebenfalls getrennt betrachtet werden können. Oft dürfte eine Vergrößerung von Abteilungen und eine Trennung von Sonderangeboten und Normalsortiment in diesen Abteilungsgruppen zweckmäßiger sein als die Verfeinerung der klassischen Abteilungsanalyse.

(S. 54)

Frage: **Welche Aufgabe hat die innerbetriebliche Leistungsverrechnung?**

Antwort:

Bei der innerbetrieblichen Leistungsverrechnung werden die von den Hilfs- und Nebenkostenstellen ausgetauschten und an die Hauptkostenstellen gelieferten innerbetrieblichen Leistungen mengenmäßig erfaßt, mit Kostensätzen bewertet und als sekundäre Gemeinkostenarten an die Hauptkostenstellen weiterverrechnet.

Frage: **Bestimmen Sie die Verrechnungssätze für folgende innerbetrieblichen Leistungen mit Hilfe des Gleichungsverfahrens!**

Kostenstelle	Primäre Kosten	Empfangene Leistungseinheiten von Hilfskostenstelle		
		1	2	3
1 Stromversorgung	6 000		100	
2 Reparatur	20 000	200		400
3 Innerbetrieblicher Transport	9 000	500	50	
Summe Hilfskostenstellen	35 000	700	150	400
Summe Hauptkostenstellen	—	60 000	900	4 000
Summe innerbetriebliche Leistungseinheiten	—	60 700	1 050	4 400
Dimension	—	kWh	Std.	km

Fragen und Antworten zur Erläuterung der veröffentlichten Aufsätze

Antwort:

Für jede Hilfskostenstelle wird eine Gleichung aufgestellt. Dabei werden die gesamten erstellten Leistungen der Stelle, bewertet mit dem jeweiligen gesuchten Kostensatz, den primären Kosten der Stelle plus den Kosten für empfangene Leistungen gegenübergestellt.

Stelle 1: $60\,700 \cdot q_1 =\ \ 6\,000 + 100 \cdot q_2$

Stelle 2: $1\,050 \cdot q_2 = 20\,000 + 200 \cdot q_1 + 400 \cdot q_3$

Stelle 3: $4\,400 \cdot q_3 =\ \ 9\,000 + 500 \cdot q_1 +\ \ 50 \cdot q_2$

Lösung: $q_1 = 0{,}1317$ DM/kWh

$\qquad\qquad q_2 = 19{,}94$ DM/Std.

$\qquad\qquad q_3 = 2{,}2741$ DM/km

(S. 63)

Frage: **In Industrieunternehmen gilt das einzelne Produkt als Kostenträger. Welche Kostenträger im Sinne von Leistungseinheiten bieten sich im Handel an?**

Antwort:

Im Handel gibt es keine eindeutige Leistungseinheit. Was Kostenstelle und was Kostenträger ist, kann nur zweckabhängig definiert werden. Eine artikelindividuelle Kostenermittlung wird u. a. behindert durch die Vielzahl und Differenziertheit der abgesetzten Artikel, die zudem noch unterschiedlichen Leistungsprozessen unterliegen können, durch leistungsmäßige Verbundwirkungen bei Umsatzprozessen und durch den hohen Fixkostenanteil an den Handlungskosten. Als Kostenträger bieten sich daher aggregierte Größen an, z. B.:

1. die Warengruppen, die u. a. nach Material, Handelsspanne oder Umschlaghäufigkeit gebildet werden können,

2. die Kundengruppen,

3. die Auftragsgrößen,

4. die Touren,

5. die Außendienstmitarbeiter.

(S. 54 f.)

Frage: **Was versteht man unter dem Verweildauerkonzept?**

Antwort:

Das Verweildauerkonzept bietet eine Möglichkeit zur Umlage der Lagerfixkosten auf die einzelnen Kostenstellen bzw. Kostenträger, z. B. Warengruppen. Schlüsselgrundlage ist der durchschnittliche Lageranteil der Warengruppen. Indirekt geht in dieses Konzept die Kapitalbindung im Lager sowie die Umschlagshäufigkeit der Warengruppen ein.

(S. 64)

Frage: **Was versteht man unter dem Verursachungsprinzip, und wie wird es im Handel realisiert?**

Antwort:

Nach dem Verursachungsprinzip dürfen einem Kostenträger nur die durch ihn verursachten variablen Kosten zugerechnet werden. Der dadurch entstehende Bruttoertragsrest wird um die als Block verrechneten Fixkosten gekürzt, so daß sich der Periodenerfolg ergibt. Im Handel können die direkte Verrechnung der variablen Kosten über die Kostenstellen und die direkte Verrechnung vom Einstandspreis zum Verkaufspreis unterschieden werden.

(S. 73)

Frage: **Erläutern Sie das Kostentragfähigkeitsprinzip!**

Antwort:

Im Gegensatz zum Verursachungsprinzip geht das Kostentragfähigkeitsprinzip vom Markt aus. Es wird angestrebt, mit einer bestimmten Preisstrategie einen gegebenen Fixkostenbetrag abzudecken. Im Handel findet in diesem Zusammenhang auch der kalkulatorische Ausgleich Anwendung. Die Preisstellung erfolgt dabei nach der Tragfähigkeit der Produkte, d. h., bestimmte Produkte (Zeigerwaren, Lockartikel) werden sehr niedrig, andere Waren (z. B. Luxusartikel) sehr hoch kalkuliert. Das Ziel ist ein möglichst hoher Gesamtdeckungsbeitrag.

(S. 73)

Frage: **Welche Informationen liefert die Differenzkalkulation?**

Antwort:

Einkaufs- und Verkaufspreis sind bekannt bzw. festgelegt. Nach der Differenz, d. h. der Handelsspanne, richtet sich das jeweilige Marketingprogramm. Den Betriebstypen des Einzelhandels liegen unterschiedliche Bruttoertragskonzepte zugrunde. So haben Warenhausunternehmen eine Handelsspanne von etwa 40 % vom Verkaufspreis, Verbrauchermärkte von etwa 23 % und Lebensmitteldiskonter von 16 %. Der angestrebte Verkaufspreis bestimmt somit das Leistungspaket eines Betriebstyps.

(S. 75)

Fragen und Antworten zur Erläuterung der veröffentlichten Aufsätze

Frage: **Welche Nachteile weist die Divisionskalkulation für den Handel auf?**

Antwort:

Die einfache Divisionskalkulation liegt vor, wenn man die Einstandskosten einer Ware und die Handlungskosten einer Periode durch den Umsatz der Periode dividiert, d. h. man rechnet mit einer einheitlichen Handelsspanne. Bei Massenartikeln ist dieses Verfahren anwendbar. Bei heterogenen Sortimenten ist es zu ungenau. (S. 77)

Frage: **Artikel X soll für 280,– DM verkauft werden. Überprüfen Sie mit Hilfe der Zuschlagskalkulation, ob dabei ein Gewinn von mindestens 3 % vom Verkaufspreis erzielt werden kann! Bruttoeinkaufspreis 150,– DM, Skonto 3 %, Fracht 20,– DM, Lagereinzelkosten 6 % vom Bruttoeinkaufspreis, Verwaltungsgemeinkosten 2 % vom Bruttoeinkaufspreis, sonstige Handlungsgemeinkosten 36 % vom Bruttoeinkaufspreis, Einzelkosten des Absatzes 12,– DM, MWSt 12 %.**

Antwort:

	Bruttoeinkaufspreis	150,– DM
–	Skonto	4,50 DM
=	Nettoeinkaufspreis	145,50 DM
+	direkte Beschaffungskosten	20,– DM
=	Einstandspreis	165,50 DM
+	Lagereinzelkosten	9,– DM
+	Verwaltungsgemeinkosten	3,– DM
+	Handlungsgemeinkosten	54,– DM
=	Selbstkosten ab Lager	231,50 DM
+	Einzelkosten des Absatzes	12,– DM
=	Selbstkosten	243,50 DM
+	MWSt (10,714 % von 280,– DM)	30,– DM
+	Gewinn	6,50 DM
=	Bruttoverkaufspreis	280,– DM

Mit dem Gewinn von 6,50 DM wird das Ziel (mindestens 3 %) nicht erreicht. (S. 77)

Frage: **Was versteht man unter Erfolgsarten im Handel?**

Antwort:

Der Betriebserfolg im Handel läßt sich nicht analog zu den Kostenarten gliedern, da er sich nicht einzelnen Instrumenten oder Faktorarten zurechnen läßt. Der Er-

Fragen und Antworten zur Erläuterung der veröffentlichten Aufsätze

folg beruht vielmehr auf der jeweils eingesetzten Marktstrategie, d. h. auf einer Kombination des absatzpolitischen Instrumentariums. Erfolgsarten wären dann z. B. bei Konstanz der jeweils anderen Instrumente:

— eine bestimmte Preisstrategie (Diskont),

— eine bestimmte Qualitätsstrategie (high class),

— eine bestimmte Kundendienststrategie (Hauszustellung),

— eine bestimmte Strategie der Kundenselektion.

Außerdem können polyinstrumentale Strategien analysiert werden.

Ein besonderes Problem bei der Erfolgsanalyse besteht darin, daß sich eine eindeutige Trennung zwischen Eigenleistung und autonomen Marktentwicklungen bisher kaum durchführen läßt.
(S. 78 f.)

Frage: **Was besagt das Konzept der Marktwertrechnung?**

Antwort:

Der Markt wird in einzelne Marktzellen gegliedert (nach Kundentypen, Regionen, Warengruppen usw.). In diesen Zellen findet ein ständiger Vergleich zwischen den Marktchancen (Zahl der Einwohner, Zahl der potentiellen oder effektiven Kunden usw.) und den Zielbeiträgen (z. B. Deckungsbeiträgen) statt. Die Marktwertrechnung kann somit zum wichtigsten Steuerungsinstrument für Marketingaktivitäten werden.
(S. 80)

Frage: **Was besagt das Prinzip der Zweistufigkeit bei der kurzfristigen Erfolgsrechnung in Handelsbetrieben?**

Antwort:

Bei der Kostenrechnung im Handel wird zunächst der Bruttoertrag als Differenz zwischen dem Umsatz und dem bewerteten Wareneinsatz errechnet. Das entspricht der realisierten absoluten Handelsspanne. Wird der Bruttoertrag für einen Zeitraum ermittelt, spricht man von Periodenspannenverfahren, wird er je verkauftes Stück bestimmt, von Stückspannenverfahren.

Erst im zweiten Schritt setzt dann die Erfolgsrechnung ein, indem vom Bruttoertrag die Kosten der Eigenleistung (Handlungskosten) subtrahiert werden.

Oft werden Bruttoertragsrechnung und Kostenrechnung nach unterschiedlichen Kriterien gruppiert, so daß nicht stellen- oder trägerbezogene Gewinne, sondern nur Betriebs- bzw. Unternehmensgewinne ermittelt werden können.
(S. 85 f.)

Fragen und Antworten zur Erläuterung der veröffentlichten Aufsätze

Frage: Welche Vorteile weist das Umsatzkostenverfahren gegenüber dem Gesamtkostenverfahren auf?

Antwort:

1. Es sind keine körperlichen Inventuren erforderlich, da sich das Betriebsergebnis ohne Berücksichtigung der Warenbestände errechnen läßt.
2. Die Kosten- und die Erlösseite sind nach Warenarten bzw. Warengruppen gegliedert und somit direkt vergleichbar. Beim Gesamtkostenverfahren ist demgegenüber die Kostenseite nach Faktorkostenarten, die Erlösseite nach Waren oder Warengruppen unterteilt.

(S. 68 und 85 f.)

Frage: Vergleichen Sie die Aussagekraft des Umsatzkostenverfahrens auf Vollkostenbasis und auf Teilkostenbasis!

Antwort:

Bei der Vollkostenrechnung werden die gesamten Kosten proportionalisiert und den Erlösen gegenübergestellt:

$$G_B = \sum_{i=1}^{n} x_{ai} \, (p_i - k_{si})$$

Dabei bedeutet:

G_B = Betriebsergebnis,

x_a = Absatzmenge,

p_i = Absatzpreis,

k_s = Selbstkosten,

i = Warenart.

Bei der Teilkostenrechnung werden die Deckungsbeiträge festgestellt und den Fixkosten gegenübergestellt.

$$G_B = \sum_{i=1}^{n} x_{ai} \, (p_i - k_{pi}) - \sum_{j=1}^{m} K_f$$

Dabei bedeutet zusätzlich:

k_p = variable Selbstkosten,

K_f = Fixkosten,

j = Kostenstelle.

Die Vollkostenrechnung kann zu verzerrten Ergebnissen führen. Dadurch wird vor allem die Verkaufssteuerung beeinträchtigt. So kann ein Produkt bei Anwendung des Vollkostenprinzips negative Erfolgsbeiträge ausweisen, nach dem Teilkostenprinzip aber noch positive Deckungsbeiträge liefern. Wird das Produkt aus dem Sortiment genommen, so verschlechtert sich das Betriebsergebnis.

(S. 68 f.)

Fragen und Antworten zur Erläuterung der veröffentlichten Aufsätze

Frage: **Was versteht man unter stufenweiser Fixkostendeckungsrechnung? Entwickeln Sie ein Beispiel!**

Antwort:

Es handelt sich hierbei um ein Kalkulationsverfahren nach dem Tragfähigkeitsprinzip. Die Kostenträger werden stufenweise aggregiert, z. B. Artikelarten, Artikelgruppen, Sortiment oder Filialen, Absatzbereiche, Zentrale. Jeder Stufe werden ihre speziellen fixen Kosten zugerechnet. So läßt sich feststellen, ob die Deckungsfähigkeit einzelner Kostenträger bzw. Kostenträgergruppen schon vorzeitig versiegt. Aus der stufenweisen Fixkostendeckungsrechnung lassen sich wichtige Informationen für mittel- und langfristige Anpassungsprozesse gewinnen.

Ein Beispiel:

Stufe	Warenbereiche	1		2	Summe
	Warengruppen	11	12	21	
I	Deckungsbeitrag I	65	35	10	110
	− Fixkosten Warengruppen	9	7	2	18
II	Deckungsbeitrag II	56	28	8	92
	− Fixkosten Warenbereiche	15		1,5	16,5
III	Deckungsbeitrag III	69		6,5	75,5
	− Fixkosten Sortiment	22,5			22,5
IV	Nettoerfolg	53			53

(S. 69)

Frage: **Welche Probleme gibt es bei der Deckungsbeitragsrechnung speziell in Handel und Marketing?**

Antwort:

Folgende Probleme sind u. a. noch nicht zufriedenstellend gelöst:

1. Die Zielorientierung am Gewinn ist zu einseitig, hingewiesen sei auf den Zielkonflikt zwischen Gewinnstreben und Marktanteilstreben.

2. Die Differenzierung der Kostenträger nach Kunden und Lieferanten muß noch weiterentwickelt werden.

3. Die Verbindung der Deckungsbeitragsrechnung mit den Marktgesetzmäßigkeiten ist nicht hergestellt, z. B. zu Sortimentsverbund, Spill-over-Effekten, Carry-over-Effekten.

(S. 70)

Erläuternde Fragen zum Themenkreis

„Standardsoftwaresysteme zur betrieblichen Kostenrechnung
Ergebnisse einer empirischen Untersuchung des Softwareangebots"

von Prof. Dr. Dieter B. Pressmar und Dipl.-Kfm. Rolf Hansmann

Frage: Wodurch zeichnen sich Standardprogrammsysteme aus?

Antwort:

Ein System der elektronischen Datenverarbeitung wird meist eingeteilt in das durch technische Installationen gekennzeichnete Hardwaresystem und das Softwaresystem, welches die im Hardwaresystem arbeitenden Programme umfaßt. Das Softwaresystem wiederum wird im allgemeinen unterteilt in das Betriebssystem mit den Programmen für die Selbstverwaltung und die Bedienungsautomatisierung der Anlage sowie in das Anwendersystem, mit dem die speziellen Informationsprobleme des Anwenders gelöst werden sollen.

Werden Programme im Rahmen des Anwendersystems mit dem Ziel entwickelt, losgelöst vom Spezialfall eines individuellen Anwenders eine allgemeingültige Verfahrensvorschrift des Computereinsatzes zu einem (betriebswirtschaftlichen) Anwendungstyp anzubieten, so wird von einem Standardprogrammsystem gesprochen. Damit kann das Standardprogrammsystem bei geringer Modifikation von mehreren Anwendern genutzt werden.

(S. 100)

Frage: Wodurch wird die Standardisierung eines Programmsystems erreicht?

Antwort:

Eine Standardisierung läßt sich im wesentlichen auf drei Wegen erreichen:

— Der Programmablauf wird durch Parametereingaben gesteuert; solche Parameter legen fest, welche Programmzweige benutzt werden, welche Ein- und Ausgabemodalitäten erfüllt werden und welche Daten gespeichert werden.

— Das Programmsystem wird in möglichst viele selbständige Einheiten aufgelöst (modularisiert), die zu beliebigen Zeitpunkten des Verarbeitungsprozesses herangezogen werden können. Der Benutzer bestimmt dann mittels eines Steuerungs- oder Rahmenprogramms, welche Moduln zu seinem spezifischen Softwaresystem zusammengefügt werden sollen.

Fragen und Antworten zur Erläuterung der veröffentlichten Aufsätze

---

— Es wird mit Hilfe einer stark aggregierten und auf den zu behandelnden Problemtyp zugeschnittenen Programmiersprache (Makrosprache) ein Programmiersystem zur Verfügung gestellt, so daß der Benutzer mit relativ wenigen Kommandos sein quasi individuelles Softwaresystem generiert.

(S. 101)

Frage: **Welche Schwierigkeiten bestehen bei der Realisierung von Standardprogrammsystemen?**

Antwort:

Die Probleme bestehen sowohl auf dem theoretischen Bereich betriebswirtschaftlicher und softwaretechnischer Konzeptionen als auch in den Umständen praktischer Durchführungen:

— Aufgrund der gegenseitigen Verzahnung aller Informationssysteme in Betriebswirtschaften gibt es keinen Informationsbereich, der sich derart isolieren läßt, daß über ihn realistische Modelle mit allgemeiner Gültigkeit aufgestellt werden könnten.

— Im Bereich der administrativen Datenverarbeitung gibt es bisher kaum allgemeingültige und nachweisbar standardisierungsfähige Verfahrens- und Modellvorschläge für Computeranwendungen.

— Für den Anbieter von Standardsystemen ist es aus ökonomischen Gründen fast nie möglich, ein Anwendersystem langfristig und völlig abstrakt zu entwickeln; vielmehr sind die meisten Systeme Verallgemeinerungen von Individualentwicklungen.

(S. 101, 102)

Frage: **Welches sind die Vorteile von Standardprogrammsystemen?**

Antwort:

Die Vorteile stellen sich unter verschiedenen Aspekten dar:

— Die Entwicklungskosten eines Programmsystems teilen sich bei standardisiertem Fremdbezug – auch unter dem Aspekt der Konkurrenzsituation auf dem deutschen Softwaremarkt – auf mehrere Erwerber auf, so daß die Kosten für den einzelnen Benutzer geringer werden als bei Spezialentwicklung.

— Die Zeit für die Entwicklung eines Individualsystems ist wesentlich länger als bei Bezug einer Standardproblemlösung.

— Die Erfahrung eines Anbieters von Standardsystemen kommt dem Anwender sowohl bei der betriebswirtschaftlichen Konzeption als auch bei der organisatorischen Realisierung zugute.

(S. 102)

Frage: **Welche Nachteile können mit dem Erwerb von Standardprogrammsystemen verbunden sein?**

Antwort:

Selbst wenn das erworbene Programmsystem relativ universell und flexibel ist, so ist damit noch keine Adaption an zukünftige betriebswirtschaftliche Entwicklungen garantiert; eine Änderung zu diesem Zwecke ist bei manchen Systemen nicht möglich, da aus Urheberschutzgründen nur das Objektprogramm zur Verfügung gestellt wird.

Bei Änderungen des Betriebssystems oder gar des Hardwaresystems muß sichergestellt sein, daß das Standardsystem weiterhin einsetzbar ist. Für die meisten Fälle dürften jedoch Systemänderungen nötig sein.

Da ein fremdbezogenes Programmsystem nur dann erfolgreich arbeiten kann, wenn die Organisation des Informationssystems angemessen ist, muß häufig die bestehende Organisation gravierenden Änderungen unterworfen werden; der Erwerber muß somit entscheiden, ob er seine bisherige Organisation umstellt oder auf die volle Leistungsfähigkeit des Programmsystems verzichtet.

(S. 102, 103)

Frage: **Unter welchen Aspekten kann der Leistungsumfang von Standardpaketen der Kostenrechnung betrachtet werden?**

Antwort:

Qualität und Vielfalt der betriebswirtschaftlich relevanten Datentransformationen erfordern, daß eine große Vielfalt von Kostenrechnungssystemen auch nebeneinander realisiert werden können; daraus folgt aber, daß nicht nur Kosten und Erlöse, sondern auch Mengendaten insbesondere unter dem Aspekt der Rechnung mit Kosteneinflußgrößen verarbeitet werden müssen.

Die Fähigkeit zur Anpassung an das betriebliche Informationssystem bedeutet auf der Eingabeseite, daß die zur Verfügung stehenden Daten ohne großen Aufwand übernommen werden können. Die Ausgabeseite des Systems muß quantitativ und zeitlich die benötigte Information über die gewünschten Medien (Liste, Datei, Sichtgerät) zur Verfügung stellen.

Die Transportabilität von Programmen hat zur Folge, daß das angebotene System mit minimalen Änderungen oder völlig unverändert von einem maschinellen Datenverarbeitungssystem auf eine zweite, typenverschiedene Anlage übertragen werden kann; hierfür ist immer eine universell einsetzbare Programmiersprache notwendig.

Fragen und Antworten zur Erläuterung der veröffentlichten Aufsätze

---

Der Benutzerkomfort eines Systems versetzt den Anwender in die Lage, sowohl die technischen Möglichkeiten eines modernen Hardwaresystems in Anspruch zu nehmen, als auch mit minimalem Aufwand Programmodifikationen und Varianten der DV-Prozeßgestaltung sowie der Datenein- und -ausgabe zu erreichen.

(S. 103–105)

Schriften zur Unternehmensführung

Herausgegeben von Prof. Dr. Herbert Jacob

Band 1: **Unternehmenspolitik bei schwankender Konjunktur**

Band 2: **Aktive Konjunkturpolitik der Unternehmung**

Band 3: **Die Mehrwertsteuer in unternehmenspolitischer Sicht**

Band 4: **Optimale Investitionspolitik**

Band 5: **Rationelle Personalführung**

Band 6/7: **Kapitaldisposition, Kapitalflußrechnung und Liquiditätspolitik**

Band 8: **Exportpolitik der Unternehmung**

Band 9: **Anwendung der Netzplantechnik im Betrieb**

Band 10: **Bilanzpolitik und Bilanztaktik**

Band 11: **Zielprogramm und Entscheidungsprozeß in der Unternehmung**

Band 12: **Grundlagen der elektronischen Datenverarbeitung**

Band 13: **EDV als Instrument der Unternehmensführung**

Band 14: **Marketing und Unternehmensführung**

Band 15: **Rationeller Einsatz der Marketinginstrumente**

Band 16: **Spezialgebiete des Marketings**

Band 17: **Unternehmungskontrolle**

Band 18: **Mitbestimmung in der Unternehmung**

Band 19: **Besteuerung und Unternehmensführung**

Band 20: **Personalplanung**

Band 21: **Neuere Entwicklungen in der Kostenrechnung (I)**

Band 22: **Neuere Entwicklungen in der Kostenrechnung (II)**

Band 23: **Einsatz der Kostenrechnung in der Unternehmung**

Band 24: **Spezialgebiete der Kostenrechnung**

Sonderband: **Kapitalbeschaffung und Kapitaleinsatz**
Von Prof. Dr. Joel Dean

Die Reihe wird fortgesetzt. Die Bände können einzeln bezogen werden.

Betriebswirtschaftlicher Verlag Dr. Th. Gabler · Wiesbaden